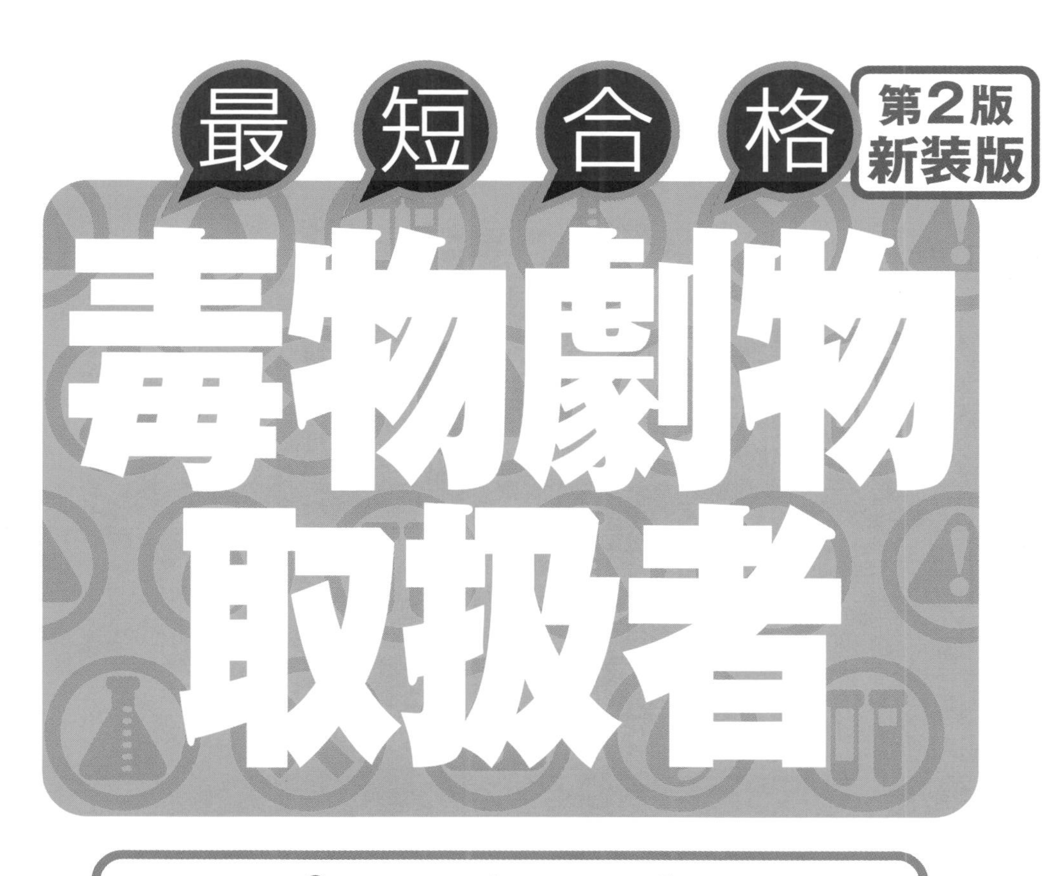

スピードテキスト

毒物劇物研

TA
TAC PU

はじめに

毒物劇物取扱者は毒物および劇物の輸入・製造・販売を行い管理・監督するのに必要な国家資格です。毒物劇物営業者（毒物・劇物の輸入・製造・販売業者）は、毒劇物を取り扱う施設ごとに、毒物劇物取扱者の中から毒物劇物取扱責任者を専任・届出し、毒物または劇物による保健衛生上の危害の防止にあたらせることが法令で義務づけられています。

都道府県単位で年に１回、毒物劇物取扱者試験が実施されています。当試験の合格者は毒物劇物取扱者の有資格者となり、毒物劇物取扱責任者となることができます。

本書は毒物劇物取扱者試験短期合格のためのテキストです。

図表やイラストを多用し、非常に読みやすい紙面となっており、受験生の皆さんが「短時間で」「効率よく」学習できるように構成されています。ですので、仕事や学校で多忙な方も本書なら無理なく学習を進めることができます。また、姉妹書として『毒物劇物取扱者スピード問題集』も刊行しています。併せてご利用いただければ、さらに学習効果を上げることができるでしょう。

「資格の学校」TACは、さまざまな分野の資格試験・検定試験にて合格者を輩出してきました。長年にわたって培ってきたTACならではのノウハウが、本書の各所にちりばめられています。本書を手にしたあなたは、合格への第一歩を踏み出したといえるでしょう。

本書を学習した受験生の方々が見事合格の栄冠を勝ち取られ、毒物劇物取扱業務において活躍されることを願ってやみません。

本書の特徴

本書は効率よく学習するための工夫を随所に取り入れました。その大きな特徴は、以下のような立体的解説にあります。

(1) テキスト本文では原則を中心に解説した。

(2) 奇数ページには側注を設け、補足や発展・参考・注意事項等をまとめた。

(3) 図解して視覚的に理解しやすいようにした。

(4) 暗記する以外にない法の規定等は表などにまとめて整理した。

(5) 各節の初めに、その節の「まとめ＆丸暗記」を配し、試験直前のチェックにも使えるようにした。

(6) 練習問題を載せて、実際の試験ではどのような形で出題されるのかを明示した。

効率のよい学習法

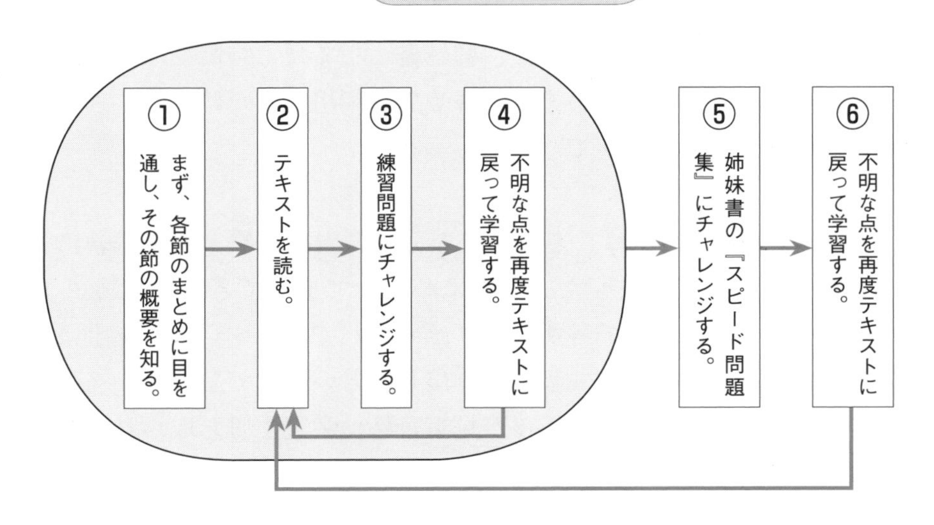

①
まず、各節のまとめに目を通し、その節の概要を知る。
②
テキストを読む。
③
練習問題にチャレンジする。
④
不明な点を再度テキストに戻って学習する。
⑤
姉妹書の『スピード問題集』にチャレンジする。
⑥
不明な点を再度テキストに戻って学習する。

もくじ

毒物劇物取扱者試験受験ガイド

(1) 資格の概要

毒物劇物取扱責任者の業務は、毒物や劇物の貯蔵設備の管理ほか、保健衛生上の危害の防止にあたることである。製造業、輸入業、販売業など毒物や劇物を取り扱う場合、国または各都道府県への登録が必要となり、その際には製造所、営業所または店舗ごとに専任の毒物劇物取扱責任者を１名選出することが義務づけられている。

(2) 有資格者

毒物劇物取扱責任者になることができるのは、以下のいずれかに該当する者である。

①薬剤師
②厚生労働省令で定める学校で、応用化学に関する学課を修了した者
③都道府県知事が行う毒物劇物取扱者試験に合格した者
※ただし上記に該当しても18歳未満の者やその他法令で定める者は毒物劇物取扱責任者になることはできない。

(3) 受験資格

年齢、性別、学歴、実務経験等には関係なく、誰でも受験することができる。また、住所地や勤務地に関係なく他府県でも受験することができる。ただし、試験に合格しても18歳未満の者やその他法令で定める者は毒物劇物取扱責任者になることはできない。

(4) 資格の種類

毒物劇物取扱者の資格には以下の４種類があり、それぞれ試験範囲が異なる。

資格の種類	試験範囲の対象
一般毒物劇物取扱者	すべての毒物、劇物
農業用品目毒物劇物取扱者	農業用品目に関する毒劇物（毒物劇物取扱法施行規則別表第１）
特定品目毒物劇物取扱者	特定品目に関する毒劇物（毒物劇物取扱法施行規則別表第２）
内燃機関用メタノールのみの取扱いに係る特定品目毒物劇物取扱者	メタノールのみ

※現在、内燃機関用メタノールのみの取扱いに係る特定品目毒物劇物取扱者試験については実施している都道府県はあまりない。

(5) 受験の手続き

毒物劇物取扱責任者は国家資格で、毒物劇物取扱者試験は各都道府県ごとに実施される。

①実施時期……都道府県によって異なるが、多くは夏季（６～９月）に実施され、各都道府県とも年１回の実施となる。

②必要書類など……基本的には[a]毒物劇物取扱者試験願書[b]写真（出願前６ヵ月以内に撮影した上半身、正面、脱帽のもの）[c]試験手数料（都道府県によって多少の差があり10,500～12,000円程度）[d]受験票、などだが、都道府県によっては住民票が必要となる場合もある。

※書類の配布場所ほか詳細については受験予定の都道府県の担当部署（薬務課など）や地域の保健センターなどに問い合わせること。

(6) 試験の内容

毒物劇物取扱者試験の試験科目は基本的に以下のとおりである。

①毒物及び劇物に関する法規（主に毒劇法から出題）

②基礎化学（高校化学程度の問題）

③毒物及び劇物の性質及び貯蔵その他取扱方法

④実地試験

※都道府県により科目数、科目名、問題数が異なる場合がある。

※過去の実地試験は提示された毒物・劇物の実物を判別する実技試験を実施していたが、現在では実技試験の代わりに毒物及び劇物の性質及び貯蔵その他取扱方法に近い内容の筆記試験を実施する場合が大半を占めているので、事前に確認しておく必要がある。

(7) 合格発表

各都道府県により異なるが、試験結果はおおむね１週間から１ヵ月程度で発表される。各都道府県の指定した場所への掲示、ハガキによる通知（事前の希望者のみ）のほか、都道府県によってはインターネットでも合否が確認できる。

第1章

毒物および劇物に関する法令

毒劇法の目的と毒物・劇物の定義

まとめ＆丸暗記 ■この節の学習内容と総まとめ

□ 毒物及び劇物取締法の目的……保健衛生上の見地から必要な取締りを行うこと。
①保健衛生上の見地
②取締り

□ 毒物・劇物の定義と分類……生理機能に危害を与えるもの。その度合いは「特定毒物」「毒物」「劇物」の順となる。
①毒物……与える危害の程度が激しいもの
②劇物……与える危害の程度が比較的軽度なもの
③特定毒物……毒物の中でも特に作用が激しく、使用方法によっては人へ与える危害の可能性が高いもの

□ 法令で使われる用語の説明……原体、製剤、化合物、塩など

ここでは毒劇法の
キホンのキホンを
学んでもらうぞ

毒物及び劇物取締法の目的

毒物及び劇物取締法（毒劇法）は、毒物・劇物を販売、譲渡の方法、もしくは管理（貯蔵）・運搬する方法や緊急の際の措置などに関する規定を設け、「毒物及び劇物について**保健衛生上の見地**から必要な**取締り**を行うこと」を目的としています。

(1) 保健衛生上の見地

この言葉が指している内容は、「社会において公衆の生命、健康を守り、これを増進、向上させる立場」となります。

(2) 取締り

この言葉が指している内容は、「毒物または劇物の販売、授与、製造または輸入の許可、さらには容器・包装への表示、貯蔵・運搬の方法、緊急時の措置などに対する規制」となります。

貯蔵の方法

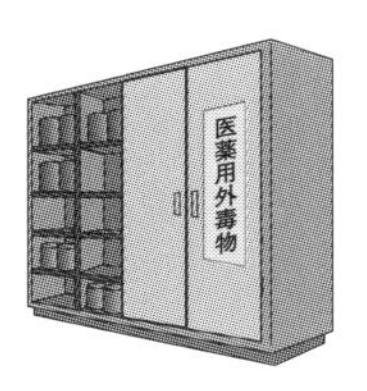

運搬の方法

販売譲渡の方法

緊急時の措置

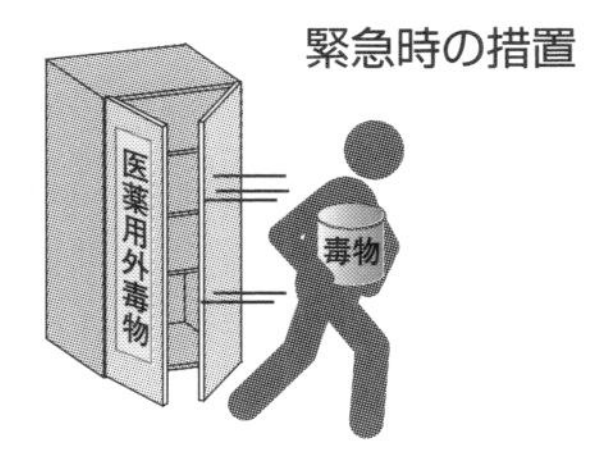

補足

■**「保健衛生上の見地」とは**……公衆の生命、健康の維持。

■**「取締り」とは**……販売、授与、貯蔵、運搬等の規制。

●毒劇法では毒物劇物の製造方法に関する規定はありません。

毒物・劇物の定義と分類

一般に、毒物・劇物とは、飲み込んだり吸い込んだり、皮膚に付着することで、生物の生理機能に危害を与えるものをいいます。

この際、危害の程度が激しいものが「**毒物**」、比較的軽度なものが「**劇物**」とされています。

また、毒物の中でも特に作用が激しく、使用方法によっては人への危害の可能性が高いものを「**特定毒物**」といいます。

毒劇法での定義は次のとおりです。

1 毒劇法における定義

(1) 毒物

別表第1に掲げるものであって、医薬品および医薬部外品以外のものをいいます。

(2) 劇物

別表第2に掲げるものであって、医薬品および医薬部外品以外のものをいいます。

(3) 特定毒物

毒物であって、別表第3に掲げるものをいいます。

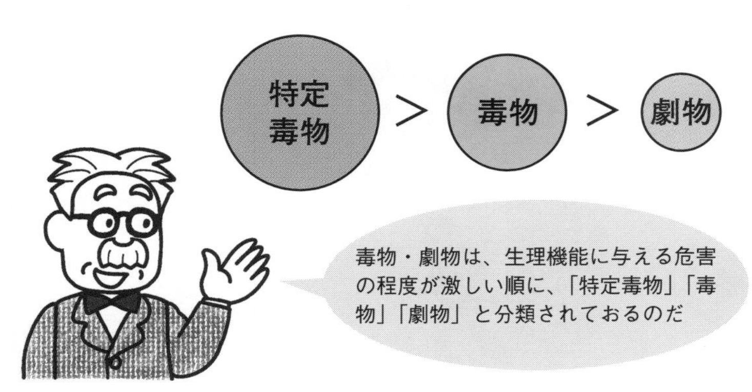

特定毒物
>
毒物
>
劇物
毒物・劇物は、生理機能に与える危害の程度が激しい順に、「特定毒物」「毒物」「劇物」と分類されておるのだ

2 主な毒物および劇物

◆ 主な毒物と劇物 ◆

	毒劇法別表に記載（原体）	指定令に記載（原体または製剤）
毒物（別表第１及び指定令第１条）	四アルキル鉛、シアン化水素、シアン化ナトリウム、パラチオン（別名）、メチルジメトン（別名）、水銀、セレン、モノフルオール酢酸など27品目	五塩化リン、無機シアン化合物（ただし、紺青などを除く）、水銀化合物（ただし、アミノ塩化第二水銀などを除く）、エンドリン（別名）など約90品目
劇物（別表第２及び指定令第２条）	アンモニア、ダイアジノン（別名）、塩化第一水銀、クロルピクリン、四塩化炭素、重クロム酸、水酸化カリウム、水酸化ナトリウム、無水クロム酸など93品目	無機亜鉛塩類（ただし、炭酸亜鉛などを除く）、亜硝酸塩類、アンモニア（含有量10％以下のものを除く）、カドミウム化合物、重クロム酸塩類、無機銅塩類（ただし、雷銅を除く）など約290品目
特定毒物（別表第３及び指定令第３条）	四アルキル鉛、モノフルオール酢酸など９品目	リン化アルミニウムとその分解促進剤など10品目

◎毒性の強さ……特定毒物＞毒物＞劇物の順。

練習１　難　中　易

次のうち、法律の条文に照らして、毒物に該当するものはどれか。下から１つ選び、その番号を答えなさい。

（1）過酸化水素　（2）アセトン
（3）無水クロム酸　（4）シアン化水素

解答１ ▶(4)

解説　毒劇法の別表第１に掲載されているシアン化水素が正解となります。

法令で使われる用語の説明

「原体」「製剤」「化合物」ほか、毒物劇物取締法ならびに関連する法令では多くの専門用語が用いられています。ここでは、毒劇法を学ぶうえで特に必要と思われる用語について解説します。

1 法令で使われる専門用語

(1) 原体（げんたい）

純粋な化学物質自体のことを、毒劇法では「原体」といいます。

(2) 製剤

「原体」の性質を利用しやすいように、他の物質を添加・混合して製品化した薬剤をいいます。

例）農薬、塗料、家庭用洗剤など

(3) 化合物

２種類以上の元素からできていて、含まれる各元素の持つ性質が、そのまま現れていない物質をいいます。

(4) 塩（えん）

酸と塩基の中和反応によって生じる化合物のことをいいます。

(5) 毒劇法別表および毒物及び劇物指定令

①**毒劇法別表**……毒物及び劇物取締法で取り扱う毒物、劇物などのうち、「原体」のものが記載されています。

②**毒物及び劇物指定令**……毒物及び劇物取締法で取り扱う、毒物、劇物などのうち、比較的新しく指定された「原体」と「製剤」が記載されています。

新たな毒物、劇物の指定や、指定されていた条件の変更は、指定令の改正によって行われます。

2 法令で使われるその他の用語

(1) 販売

商品等を売ること。売価と引換えに所有権を移すこと。

(2) 授与

物品等を与えること。無償で所有権を移すこと。

(3) 交付

公の機関が、一般の人に書類や金品などを引き渡すこと。

(4) 所持

持っていること。人が物を事実上支配していること。

◎原体……純粋な化学物質そのもの。
◎製剤……製品化のために他物質を混合・添加したもの。

補足

■ここで紹介する用語は第2章の基礎化学でも用いられます。

塩とか化合物とか、聞き慣れない言葉が多くて不安ですが……

2章以降で詳しく説明するから、大丈夫！

毒劇法における禁止規定

まとめ＆丸暗記 ■ この節の学習内容と総まとめ

□　毒物・劇物の製造、販売など……毒物または劇物の製造業者、輸入業者、販売業者の登録を受けた者でなければ、毒物・劇物の製造、輸入、販売はできない。
①毒物劇物営業者
②販売業の登録が不要なケース

□　特定毒物の取扱い……製造、輸入、譲渡、使用など取り扱う内容によって、法で定められた者以外は禁止。
①特定毒物研究者……学術研究の目的で、特定毒物を製造、使用することができる
②特定毒物使用者……特定毒物を使用できる（ただし品目ごとに指定あり）

□　特定の作用を持つ毒物・劇物などの取扱い
①興奮、幻覚、麻酔の作用を有する有毒劇物……摂取・吸入の禁止
・トルエン（原体）
・酢酸エチル、トルエンまたはメタノールを含むシンナー、接着剤、塗料、閉塞用充填料
②引火性、発火性、揮発性のある毒物・劇物……不法所持の禁止
・亜塩素酸ナトリウムおよびこれを30%以上含む製剤
・塩素酸塩類およびこれを35%以上含む製剤
・ピクリン酸
・ナトリウム

毒物・劇物の製造、販売など

毒物および劇物を製造、輸入、もしくは販売する場合、「製造業、販売業、もしくは輸入業（毒物劇物営業者）」の登録を受けなければなりません。

◎製造業者、輸入業者が自らが製造もしくは輸入したもの以外を販売する場合は、販売業の登録が必要。

(1) 毒物劇物営業者

毒物または劇物の製造業者、輸入業者または販売業者の総称として、毒劇法では「毒物劇物営業者」と呼んでいます。

(2) 販売業の登録が不要なケース

毒物または劇物の製造業者、輸入業者が、自ら製造または輸入した毒物・劇物を他の毒物劇物営業者に販売・授与などを行う場合については、販売業の登録は不要となります。

◆ 毒物・劇物の製造・販売 ◆

毒物劇物営業者	販売・授与目的で行う行為
製造業	製造・販売（ただし、自らの製造物）
輸入業	輸入・販売（ただし、自らの輸入物）
販売業	販売

毒物劇物営業者は、製造業、輸入業でも販売ができるケースがあるんだね

特定毒物の取扱い

その毒性の激しさから、特定毒物の取扱いについては、定められた資格を有する者で、特定毒物の製造、販売などを特に必要とする者、もしくはそれを行うに十分と考えられる者に限って許可されています。

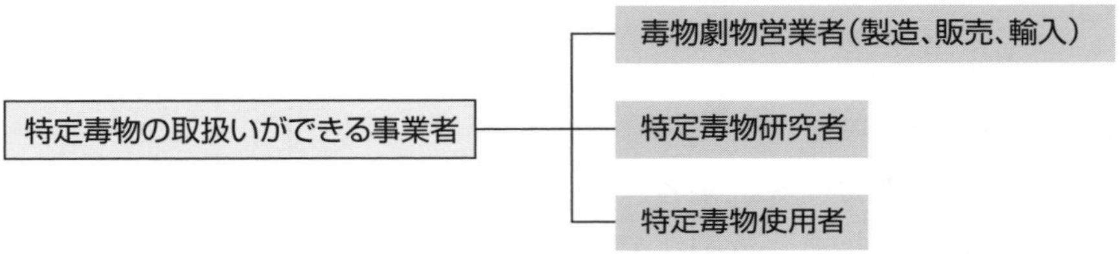

◆ 特定毒物の取扱いについての規定 ◆

行　為	認められている者	備　考
製　造	毒物劇物製造業者	
	特定毒物研究者	学術研究に限る。
輸　入	毒物劇物輸入業者	
	特定毒物研究者	学術研究に限る。
使　用	毒物劇物製造業者	毒物劇物製造のために使用する場合に限る。
	特定毒物研究者	学術研究に限る。
	特定毒物使用者	特定毒物を特定の用途にのみ使用可能
譲り渡し 譲り受け	毒物劇物営業者	
	特定毒物研究者	
	特定毒物使用者	使用できる特定毒物のみ譲り受け可能
所　持	毒物劇物営業者	
	特定毒物研究者	
	特定毒物使用者	使用特定毒物のみ

(1)　特定毒物研究者

「学術研究のため特定毒物を製造し、もしくは使用することができる者として**都道府県知事または指定都市の長の許可**を受けた者」（毒劇法第３条の２）をいいます。

(2)　特定毒物使用者

「特定毒物を使用することができる者として、品目ごとに政令で指定する者」（法第３条の２第２項）をいいます。また、「特定毒物使用者は、特定毒物を品目ごとに、政令で定める用途以外の用途に用いてはならない」（法第３条の２第５項）と定められています。

◎特定毒物研究者……都道府県知事または指定都市の長の許可を受けた者。

◎特定毒物使用者……品目ごとにその用途とともに施行令で指定する者。

特定毒物を使用できるのは、特定毒物研究者、特定毒物使用者、毒物劇物製造業者の３者に限られるぞ

練習２　難　**中**　易

毒物及び劇物取締法（同法施行令及び同法施行規則を含む。）の規定に関する記述の正誤について、正しいものはどれか。

(1)　毒物又は劇物の販売業の登録を受けようとする者は、店舗ごとにその店舗の所在地の都道府県知事を経て、厚生労働大臣に申請書を提出しなければならない。

(2)　毒物又は劇物の輸入業者であれば、自らが輸入した毒物又は劇物を他の毒物劇物営業者に販売することができる。

(3)　特定毒物研究者又は特定毒物使用者でなければ、特定毒物を製造することができない。

(4)　特定毒物は、毒物に含まれない。

解答２ ▶(2)

解説

(1)申請書の提出は都道府県知事、市長、または区長となります。

(3)特定毒物を製造できるのは特定毒物研究者です。

(4)特定毒物は毒物に含まれます。

特定の作用を持つ毒物・劇物などの取扱い

毒物・劇物などの中には、興奮・幻覚・麻酔作用といった有害作用を持つものや、引火性・発火性・揮発性などの危険性を有するものがあります。

こうしたものについては、他の毒物・劇物とは別に、使用や所持に関する規定が定められています。

(1) 興奮、幻覚、麻酔の作用を有する毒物・劇物

毒劇法では「興奮、幻覚または麻酔の作用を有する毒物または劇物（これらを含有するものを含む）であって政令で定めるものは、みだりに摂取し、もしくは吸引し、またはこれらの目的で所持してはならない」と決められています。

以下が、毒劇法の中で「政令で定めるもの」となります。

■原体……トルエン

■製剤……酢酸エチル、トルエンまたはメタノールを含有する
- シンナー
- 接着剤
- 塗料
- 閉塞用充填料

興奮、幻覚、麻酔の作用を有する毒物劇物およびこれらを含有するもので、政令で定められたものは、みだりに摂取、吸入、またはそうした目的での所持が禁止されておるのだ

◎興奮、幻覚、麻酔の作用を有する毒物劇物で原体で指定されているものはトルエンのみ。

(2) 引火性、発火性、爆発性のある毒物・劇物

毒劇法では「引火性、発火性、または爆発性のある毒物または劇物であって政令で定めるものは、業務その他正当な理由による場合を除いては、所持してはならない」(第3条の4) と規定されています。

以下が、条文中の「政令で定めるもの」となります。

■原体……亜塩素酸ナトリウム
　　　　　塩素酸塩類
　　　　　ピクリン酸
　　　　　ナトリウム

■製剤……亜塩素酸ナトリウムを30%以上含有する製剤
　　　　　塩素酸塩類を35%以上含有する製剤

◎引火性、発火性、爆発性のある毒物劇物で、施行令で定めるもの→原体ならびに製剤の除外規定濃度は頻出。

事業者の登録・届出

まとめ＆丸暗記　■この節の学習内容と総まとめ

□　毒物劇物営業者の登録

①製造業者……製造所ごとに都道府県知事を経て厚生労働大臣へ5年ごとに申請書を提出

②輸入業者……営業所ごとに都道府県知事を経て厚生労働大臣へ5年ごとに申請書を提出

③販売業者……店舗ごとに都道府県知事、市長または区長へ6年ごとに申請書を提出

④販売業の区分……一般販売業、農業用品目販売業、特定品目販売業

□　特定毒物研究者の許可等……都道府県知事または指定都市の長へ申請書を提出。

□　毒物劇物取扱責任者……専任の有資格者を製造所、営業所、店舗ごとに設置。

□　登録が失効したときの措置……その時点で所有する特定毒物の品名と数量を15日以内に届け出る。

□　業務上取扱者の届出等

①業務上取扱者……政令で定められた事業で、政令で定める毒物・劇物を取り扱う者。業務開始日から30日以内に都道府県知事に届出が必要

毒物劇物営業者の登録

毒物劇物営業者として事業を行うには、次のような法的手続きが必要となります。

(1) 登録

毒物・劇物を製造、輸入、または販売するには、それぞれ製造所、営業所または店舗単位で、決められた期間ごとに、定められた者に対して登録申請をしなければなりません。

(2) 登録の申請先

①製造業、輸入業

→都道府県知事経由で**厚生労働大臣**（原体の製造輸入の場合）

→**都道府県知事**（製剤の製造または原体の小分けのみ、もしくは製剤の輸入のみの場合）

②販売業

→**都道府県知事**（ただし、申請する店舗の所在地が保健所を設置する市または特別区の区域にある場合は市長または区長）

(3) 登録の更新

登録を更新する場合は、各業種ともに登録の失効する日（登録の日から起算して、それぞれ決められた有効期間が経過した日）の**1ヵ月前**までに行うことと定められています。

◎登録申請

製造、輸入……5年ごとに知事または知事を経由して厚生労働大臣へ。

販売業……6年ごとに知事（または区長・市長）へ。

◆ 毒物劇物営業者の登録手続きまとめ ◆

業種	登録単位	業務内容	申請先	登録事項	期間
製造業	製造所ごと	製剤の製造または原体の小分けのみ	所在地の都道府県知事	①氏名、住所（名称、所在地） ②製造、輸入品目 ③製造所、営業所の所在地と名称	5年
		その他	知事経由で厚生労働大臣		
輸入業	営業所ごと	製剤の輸入のみ	所在地の都道府県知事		5年
		その他	知事経由で厚生労働大臣		
販売業	店舗ごと	一般販売業 農業用品目販売業 特定品目販売業	所在地の都道府県知事または市長、区長	上記のうち ①および③ （所在地と名称）	6年

登録の更新は、それぞれ上の表のとおりだけど、手続きは、その1ヵ月前までに行うんだね

(4) 登録内容の変更等

登録内容に変更があったり、営業を廃止したときには、30日以内に、その旨を届け出なければなりません。

ただし、製造業または輸入業で、登録を受けた製造輸入品目以外の毒物・劇物を新たに製造、輸入する場合には、事前に登録の変更をしなければなりません。

◎**届出の方法**
登録事項の変更、営業の廃止……30日以内。
製造・輸入品目の追加変更……あらかじめ届け出る。

登録を受けた品目以外の新たな毒物・劇物の製造、輸入には、あらかじめ届出が必要だぞ

練習３　難　中　易

次の文章は、毒物劇物営業者の登録について述べたものである。（　　）にあてはまる語句として正しいものを選びなさい。

毒物又は劇物の販売業の登録は、（　　）ごとに、更新を受けなければ、その効力を失う。

(1) ２年　(2) ３年　(3) ４年
(4) ５年　(5) ６年

解答３ ▶(5)

解説　毒物または劇物の販売業の登録は６年ごとに更新を受けなければなりません。

(5) 販売品目の制限

毒物または劇物の販売業は以下の表のように3つの区分があり、それぞれ販売等を行える毒物・劇物は規則別表に記載されているもの以外は禁止されています。

◆ 販売業における販売品目の制限 ◆

販売業の区分	品目	対象毒物、劇物	備考
一般販売業	すべての毒物、劇物	すべての毒物、劇物	
農業用品目販売業	農業上必要な品目	毒物：無機シアン化合物（ただし、紺青などを除く）、モノフルオール酢酸並びにその塩類（特定毒物）など約30品目 劇物：無機亜鉛塩類（炭酸亜鉛などを除く）、アンモニア（10％以下を除く）、ダイアジノン（３％以下を除く）など約100品目	規則別表第１
特定品目販売業	特定品目	劇物：アンモニア（10％以下を除く）、塩化水素（10％以下を除く）、重クロム酸塩類など24品目 ※毒物は対象外	規則別表第２

(6) 登録基準

毒物劇物営業者は、有する設備が政令に定められた設備基準に適合せず、さらに指定期間内に基準適合への必要な措置をとらない場合、登録の取消し、業務の一時停止などの処分が科されます。

許可を取り消された場合、取消しの日から起算して**2年**を経過していないと再登録ができません。

◆ 登録のための設備基準 ◆

区分	基準
製造設備	①コンクリート、板張り等で、毒物・劇物が飛散し、漏れ、染み出し、流出または地下に染み込むおそれのない構造であること。
	②毒物、劇物を含む粉じん、蒸気、排水の処理に要する設備または器具を備えている。
貯蔵設備	①毒物、劇物とその他のものを区別して貯蔵していること。
	②タンク、ドラム缶、その他の容器は、毒物、劇物が飛散、漏れまたは染み出ないものであること。
	③貯水池その他の容器を用いないで毒物、劇物を貯蔵する設備は、地下に染み込み、流出するおそれがないものであること。
	④貯蔵する場所を施錠すること。
	⑤施錠できない場所であれば、その周囲に堅固な柵等を設けること。
その他	①毒物、劇物を陳列する場所には施錠する設備があること。
	②毒物、劇物の運搬用具は、毒物、劇物が飛散し、漏れまたは染み出るおそれがないものであること。

※輸入業の営業所、販売業の店舗の設備基準は、貯蔵設備基準の②～④までの規定を準用する。

毒物・劇物を貯蔵する
場所は施錠する必要が
あるぞ

◎販売業の区分……一般販売業、農業用品目販売業、特定品目販売業

特定毒物研究者の許可等

学術研究のために特定毒物を製造もしくは使用する場合、特定毒物研究者の許可を受けなければなりません。

(1) 申請書の提出

特定毒物研究者の許可を受けようとする者は、都道府県知事または指定都市の長に申請書を提出しなくてはなりません。

(2) 許可の基準

許可を受けるには、毒物に関する相当の知識を持っているとともに、大学や公的な研究施設の研究者など、学術研究上、毒物の製造・使用が必要とされる者に限られます。

また、申請を受けた都道府県知事または指定都市の長は、心身に障害のある者や薬物中毒者など法令で定める者に対して、許可を与えない権限を持っています。

(3) 変更・廃止の届出

申請した事項を変更したり、当該研究を廃止したときは30日以内に都道府県知事または指定都市の長に、その旨を届け出なくてはなりません。

特定毒物研究者の許可は都道府県知事
または指定都市の長から受けるぞ

毒物劇物取扱責任者

毒物劇物営業者は、毒物または劇物を直接取り扱う製造所、営業所、または店舗ごとに専任の**毒物劇物取扱責任者**を置かなくてはなりません。

1 目的・例外事項・届出

⑴ 業務の目的

毒劇法では「毒物または劇物による保健衛生上の危害の防止にあたること」と定められています。

⑵ 専任義務の例外事項

①営業者自らが毒物劇物取扱責任者になる場合。

②製造所、営業所、店舗が隣接している場合、もしくは同一店舗で、毒物劇物の販売業を２つ以上合わせて営む場合（毒物劇物取扱責任者１名で兼務が可能）。

⑶ 選任または変更の届出

毒物劇物営業者は、毒物劇物取扱責任者を設置または変更したときは、30日以内に、毒物劇物営業者の登録を行った際と同じ申請先（16ページの表参照）に届け出なくてはなりません。

◎特定毒物研究者の許可……大学、研究機関における学術、研究上の製造・使用。

◎特定毒物研究者の変更・廃止の届出……都道府県知事または指定都市の長に30日以内。

◎選任の例外事項……①営業者が取扱責任者となる場合。②隣接店舗や同一店舗での兼務の場合。

注意

◎毒物劇物取扱責任者の業務・専任変更の届出は30日以内。

1名の毒物劇物取扱責任者で兼務可能なのは、隣接もしくは同一店舗に限られるぞ

2 適性

(1) 適性がある者

毒物劇物取扱責任者になれるのは、以下の項目のいずれかに該当する者となります。

①薬剤師
②厚生労働省令で定める学校で、応用化学に関する学科を修了した者
③都道府県知事が行う毒物劇物取扱者試験に合格した者

(2) 適性がない者

(1)で①〜③のいずれかに該当した場合であっても、以下のいずれかに該当する者は毒物劇物取扱責任者となることはできません。

①18歳未満の者
②心身の障害により毒物劇物取扱責任者の業務を適正に行うことができない者として厚生労働省令で定める者
③麻薬、大麻、あへんまたは覚せい剤の中毒者
④毒物もしくは劇物、あるいは薬事に関する罪を犯し、罰金以上の刑に処せられ、その執行が終わったか、または執行を受けることがなくなった日から起算して３年を経過していない者

3 職務範囲

合格した試験の区分によって、職務範囲は異なります。

⑴　一般試験に合格した者

すべての製造所、営業所、店舗において毒物劇物取扱責任者になることができます。

⑵　農業用品目または特定品目試験に合格した者

それぞれが対象とする品目を輸入または販売する営業所、店舗においてのみ毒物劇物取扱責任者になることができます。

◎試験（資格）の区分と販売業の区分は同一。

製造に携われるのは、一般の毒物劇物取扱者試験の合格者だけだね

登録が失効したときの措置

毒物劇物営業者、特定毒物研究者、特定毒物使用者は、営業の登録や研究者としての許可が効力を失ったり、特定毒物使用者でなくなった場合には、定められた内容を決められた者に届け出なくてはならないと毒劇法第21条で規定されています。

(1) 届け出る内容と期限

登録を失効した日から**15日以内**に以下の事項について届け出なくてはなりません。

①失効年月日　②失効理由　③現に所有する特定毒物の品名と数量

(2) 届出先

製造業者、輸入業者は、都道府県知事を経て**厚生労働大臣**への届出が必要です。

販売業者、特定毒物研究者、特定毒物使用者については**都道府県知事**または**市長**、**区長**への届出が必要となります。

(3) 所有する特定毒物の取扱い

届出をしなければならないこととなった日から起算して**50日以内**であれば、所有する特定毒物を他の毒物劇物営業者、特定毒物研究者、特定毒物使用者へ譲渡することが可能です。

業務上取扱者の届出等

政令で定める事業において、業務上、政令で定める毒物・劇物を取り扱う者は、事業場ごとに決められた事項を都道府県知事に届け出なくてはなりません。

また、これらの業務上取扱者は、毒物劇物営業者と同じく、毒物劇物取扱責任者の設置も義務づけられています。

(1) 政令で定められた事業

厚生労働省施行令第41条で、以下のように規定されています。

◆ 業務上取扱者の届出が必要な事業 ◆

事業	業務内容
電気めっきを行う事業	業務上、①シアン化ナトリウム、②無機シアン化合物で毒物であるもの（製剤を含む）を使用して左記の事業を行うもの
金属熱処理を行う事業	
毒物劇物の運送事業	最大積載量5,000kg以上の大型自動車に固定された容器を用い、または内容積が四アルキル鉛を含有する製剤の場合200ℓ以上、その他の毒劇物の場合は1,000ℓ以上の容器を大型自動車に積載して運搬する事業 対象毒劇物：施行令別表第２に掲げる黄リン、四アルキル鉛を含む製剤など23品目
しろあり防除を行う事業	ヒ素化合物およびその製剤で毒物であるものを使用して左記の事業を行うもの

◎失効時の届出……①失効年月日②失効理由③所有する特定毒物の品名と数量。

●登録失効後50日間は、有資格者に譲渡する場合に限り禁止規定が適用されない。

◎届出の期日……事業ごとに知事へ30日以内に。

練習４　難　中　**易**

次のうち、毒物または劇物を業務上取り扱う者として、毒物及び劇物取締法第22条第１項の規定により都道府県知事に届け出なければならない者はどれか。

(1)　ねずみの防除を行う事業者であって、その業務上モノフルオール酢酸を取り扱う者

(2)　金属熱処理を行う事業者であって、その業務上フッ化水素酸を取り扱う者

(3)　電気めっきを行う事業者であって、その業務上無水クロム酸を取り扱う者

(4)　しろあり防除を行う事業者であって、その業務上亜ヒ酸を取り扱う者

解答４ ▶(4)

解説　(1)〜(3)の者については法令の規定による届出の義務はありません。

前ページの表に記載された事業であっても、取り扱う毒物または劇物があてはまらない場合は届出の義務はないぞ

(2) 届出の内容

①氏名、住所（法人の場合は名称と主な事務所の所在地）
②取り扱う毒物・劇物のうち、シアン化ナトリウムまたは政令で定める毒物・劇物の品目（名称）
③事業場の所在地
④その他政令で定める事項

上記について、業務を開始した日から**30日以内**に、事業場の所在地の**都道府県知事**に届け出なければなりません。

(3) 届出が不要な業務上取扱者

以下の業務に携わる業務上取扱者については、届出や毒物劇物取扱責任者設置の義務はありません（取扱いなどに関する義務は課せられます）。

①水酸化ナトリウムを使用する食品工場
②さび落としに塩酸を使用する鉄線製造業者
③化学実験に硫酸や硝酸を使用する学校

4 毒物・劇物の取扱い方

まとめ＆丸暗記 ■ この節の学習内容と総まとめ

□ 毒物・劇物等の保管など

①盗難・紛失の防止
②飛散・漏出等の防止
｝すべての毒物・劇物とシアン含有廃液、酸含有廃液

③飲食物容器使用の禁止

□ 毒物劇物の表示

①毒物劇物への表示義務……「医薬用外毒物」「医薬用外劇物」およびその他の表示事項

②貯蔵・陳列する場所の規定

③別途表示事項が必要な毒物・劇物……塩化水素または硫酸を含む住宅用の液体洗浄剤、DDVP（別名ジクロルボス）を含む衣料用防虫剤

□ 特定用途に供される毒物・劇物の販売等

①着色が必要な農業用劇物……硝酸タリウムを含む製剤、リン化亜鉛を含む製剤

②一般消費者の生活に用いられる劇物……政令で定められた表示などの義務

毒物は赤地に白文字、劇物は白地に赤文字で書き、それぞれ必ず表示しなくてはならん
医薬用外毒物
医薬用外劇物

毒物・劇物等の保管など

毒物、劇物または毒物・劇物を含んでいて政令で定めるものについて、毒物劇物営業者および特定毒物研究者が保管・管理する際は、毒劇法により以下のような規定が設けられています。

⑴ 盗難・紛失の防止

毒物劇物営業者および特定毒物研究者は、毒物または劇物の盗難、紛失を防ぐために必要な措置を講じなければなりません。

⑵ 飛散・漏出等の防止

毒物劇物営業者および特定毒物研究者は、毒物、劇物または毒物・劇物を含んでいて政令で定めるものを貯蔵・運搬する際には、飛散、漏出、流出等を防ぐのに必要な措置を講じなければなりません。

⑶ 毒物・劇物を含み政令で定めるもの

①シアン含有廃液

無機シアン化合物の毒物を含む液体（ただし、シアン含有量が1㎎／ℓ以下のものは除きます）。

②酸、アルカリ含有廃液

塩酸、硝酸、硫酸、または水酸化カリウム、水酸化ナトリウムを含む液体（ただし、水で10倍に希釈した際に、pHが2.0～12.0までのものを除きます）。

(4) 飲食物容器の使用禁止

毒物劇物営業者および特定毒物研究者は、通常使用される飲食物の容器を、すべての毒物・劇物について使用してはならないと規定されています。

注意

◎厚労省施行令で定めるもの……シアン含有廃液、酸・アルカリ含有廃液。

飲食物の容器は、すべての毒物・劇物について容器としての使用が禁止されておるぞ

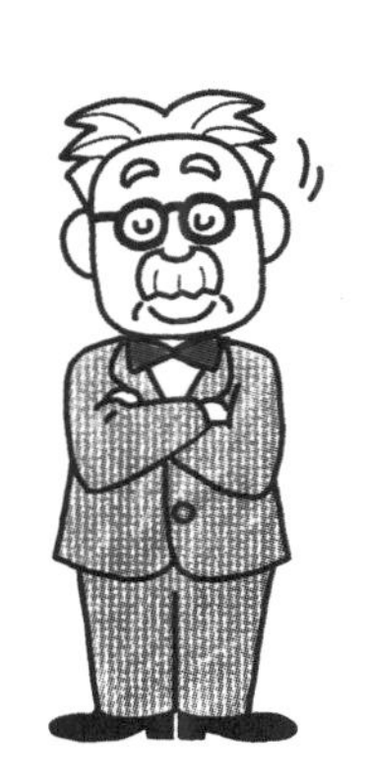

毒物・劇物に関する表示

毒劇法では容器や被包、貯蔵・陳列する場所について以下のような表示義務を課しています。

(1) 容器および被包への表示義務

毒物劇物営業者および特定毒物研究者は、毒物または劇物の容器および被包に「医薬用外」の文字および、毒物については赤地に白字で「毒物」の文字を、劇物については白地に赤字で「劇物」の文字を表示しなければなりません。

◎被包への表示

毒物……医薬用外毒物（赤地に白色の文字）

劇物……医薬用外劇物（白地に赤色の文字）

◆ 医薬用外毒物・医薬用外劇物の表示 ◆

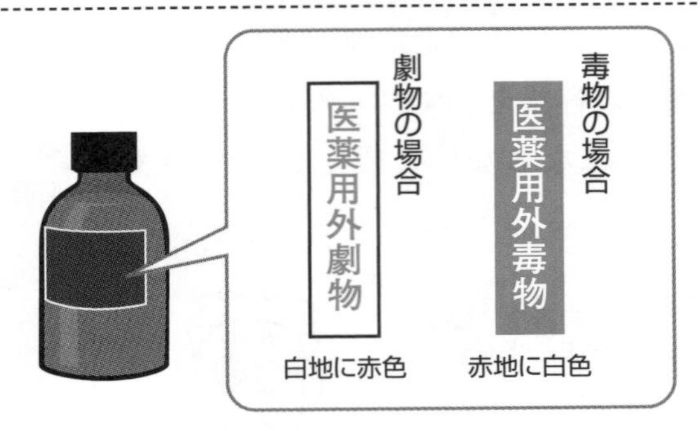

また、これ以外に以下の表示をしなければ、その毒物または劇物を販売、授与してはならないと規定されています。

①毒物または劇物の名称

②製造業者および輸入業者が製造、輸入したものを販売する場合、氏名ならびに住所

③毒物または劇物の成分および含量

④製剤を含む有機化合物である毒物、劇物の場合、その解毒剤の名称

(2) 貯蔵・陳列する場所について

毒物劇物営業者および特定毒物研究者は、毒物または劇物を貯蔵、陳列する場所には、容器および被包と同様に、「医薬用外」の文字とともに、毒物については「毒物」、劇物については「劇物」の文字を表示しなければなりません。

ただしこの場合、地の色および文字の色についての定めはありません。

(3) 別途表示事項が必要な毒物・劇物

以下の物に対して定められています。

①塩化水素または硫酸を含有する住宅用の洗浄剤（液体のものに限る）

②DDVP（ジメチル−2,2−ジクロルビニルホスフェイト）を含有する衣料用の防虫剤

特定用途に供される毒物・劇物の販売等

農業用、家庭用など、毒物・劇物には特定の用途に使用されるものがあります。

これらについては着色方法、成分含量などに関して、別途定められた基準に適合するものでなければ販売、譲渡できないと決められています。

◎法令上、特に表示が必要……塩酸、硫酸を含む洗浄剤、DDVPを含む防虫剤。

(1) 着色が必要な農業用劇物

以下の劇物は、あせにくい黒色で着色したものでなければ、農業用として販売または授与してはなりません。

①硫酸タリウムを含有する製剤である劇物
②リン化亜鉛を含有する製剤である劇物

硫酸タリウムを含む製剤、リン化亜鉛を含む製剤は黒色に着色しなくてはならんのだ

〈除外規定〉

政令により、硫酸タリウム0.3％以下を含有する製剤で、黒色に着色されていて、かつトウガラシエキスを用いて著しく辛く着味されているものは、劇物指定から除外されます。

(2) 家庭用に使われる劇物

毒物劇物営業者は、主に家庭用として使われる劇物について、その成分の含量または容器もしくは被包が政令で定める基準に適合するものでなければ、販売または授与してはなりません。

家庭用に使用される劇物とは次のものをいうよ
・塩化水素または硫酸を含有する洗浄剤
・ジメチル−2,2−ジクロルビニルホスフェイト（別名DDVP、ジクロルボス）を含有する衣料用防虫剤

5 毒物・劇物の譲渡、交付

まとめ&丸暗記 ■ この節の学習内容と総まとめ

□ 譲渡の手続き
①譲渡の手続きの方法……書面への記録または押印された書面の受理
②書面に記載すべき事項
③書面の保存期間……販売または授与した日から5年間

□ 販売（交付）先の制限
①交付を受けられない者……18歳未満、心身障害を有する者、薬物の中毒者
②交付を受ける者の確認事項など
③帳簿への記載事項
④帳簿の保存管理……最終記載日から5年間保管

□ 情報の提供……譲受人への当該毒物または劇物の性状および取扱いに関する情報提供の義務
①提供すべき情報の内容
・情報提供者の氏名、住所（法人の場合は名称・事務所所在地）
・毒物または劇物の別
・名称、成分およびその含量
・応急措置
・火災時の措置
・漏出時の措置
・取扱いおよび保管上の注意　など13項目
②情報提供義務の例外事項
③提供の仕方
④提供情報の変更に伴う規定

譲渡の手続き

毒物劇物営業者は、法に定められた譲渡に関する手続きをとらなければ、毒物または劇物を販売、授与することができません。

(1) 譲渡の手続きの方法

譲受人が毒物劇物営業者かどうかにより、手続きの方法が異なります。

- 他の営業者へ販売、授与する場合……その都度、譲渡人が書面へ記載（記録）しておかなければなりません。
- 営業者以外へ販売、授与する場合……譲受人が記載、押印した書面の提出を受けなければなりません。

(2) 書面に記載すべき事項

①毒物または劇物の名称および数量

②販売または授与の年月日

③譲受人の氏名、職業、住所（法人の場合は名称および主たる事務所の所在地）

(3) 書面の保存期間

毒物劇物営業者（譲渡人）が記載もしくは提出を受けた書面または電磁的記録は、販売または授与した日から**５年間保存**しなければなりません。

譲渡する際の書面への記載事項には、使用目的は含まれていないぞ。また書面は5年間保管しなくてはならん

◎手続きの方法は譲受人が営業者であるかどうかで異なる。

●毒物・劇物を安心安全に渡せる相手かどうかが基準となっている。

販売（交付）先の制限

毒物劇物営業者は毒劇法の定める人的要件に該当する者に毒物、劇物を交付してはならないと規定されています。

(1) 交付を受けられない者

①18歳未満の者。

②心身の障害により毒物または劇物による保健衛生上の危害防止の措置を適正に行うことができない者として法令で定める者。

③麻薬、大麻、覚せい剤などの中毒者。

取引先の社員ほか、いかなる場合であっても、18歳未満への交付は禁止されているよ

(2) 交付を受ける者の確認が必要な場合

毒物劇物営業者は、発火性または爆発性のある劇物であって、法令で定めるものの販売、授与を行う際には、交付を受ける者の氏名および住所を確認した後でなければ、交付してはならないと定められています。

交付を受ける者への確認方法は、身分証、運転免許証などの提示を受けて行います。

〈確認の例外規定〉

法令により、常時取引関係にある者（売買契約を継続して結んでいる者)、官公署の職員（その者の業務に関し交付する場合）については確認の必要はありません。

(3) 帳簿への記載事項

毒物劇物営業者は帳簿を備え、確認した以下の事項を記載しなければなりません。

①交付した劇物の名称

②交付年月日

③交付を受けた者の氏名および住所

(4) 帳簿の保存管理

上記(3)の帳簿は最終の記載をした日から**5年間保存**しなければなりません。

帳簿への記載事項は、劇物の名称、交付年月日、交付を受けた者の氏名および住所の３点だ。また帳簿は５年間の保管が義務付けられているぞ

情報の提供

毒物劇物営業者は、毒物・劇物を販売、授与するときまでに、譲受人に対して当該毒物・劇物の性状および取扱いに関する情報を提供しなければなりません。

(1) 提供すべき情報の内容

以下の13項目となります。

①情報を提供する毒物劇物営業者の氏名、住所と主たる事務所の所在地（法人では名称と主たる事務所の所在地）
②毒物または劇物の別
③名称並びに成分およびその含量
④応急措置
⑤火災時の措置
⑥漏出時の措置
⑦取扱いおよび保管上の注意
⑧暴露の防止および保護のための措置
⑨物理的および化学的性質
⑩安定性および反応性
⑪毒性に関する情報
⑫廃棄上の注意
⑬輸送上の注意

◎譲受人の確認が必要な物質……発火性または爆発性を有する劇物で、施行令で定めるもの。

補足

■発火性、爆発性のある毒物・劇物はP13参照。

●購入、譲受けの意思がない者に対してまでは、法的な情報提供義務の規定はない。

■家庭用に使用される劇物はP31～32参照。

(2) 情報提供義務の例外事項

以下の内容に該当する場合、情報提供の必要はありません。

①すでに情報提供がなされている場合（同一の人物に対して、同一の毒物・劇物を継続反復して販売、授与している場合など）。

②１回につき、200mg以下の劇物を販売、授与する場合。

③家庭用として使用される劇物を販売する場合。

④毒物、劇物である農薬で、容器に必要な情報が表示されていて、譲受人が承諾している場合。

②については劇物の場合に限られたものだ。毒物は量の多少によらず情報提供の義務があるぞ

(3) 提供の仕方

情報提供には以下のような手段を用いることができます。

①文書の交付

②磁気ディスクの交付

③ファクシミリの送信

④ホームページの閲覧

など

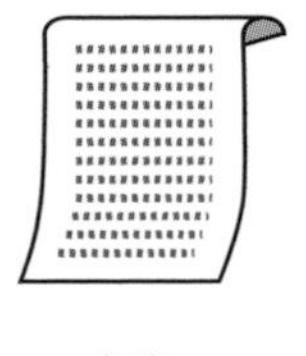
文書

ホームページ

磁気ディスク

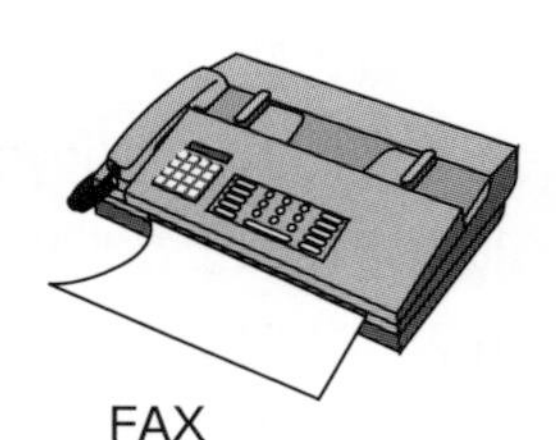
FAX

⑶の②～④の方法を用いた情報提供については、譲受人が承諾した場合に限って認められているよ

⑷ 提供情報の変更に伴う規定

毒物劇物営業者は、提供した情報内容に変更が生じたときは、すみやかに当該譲受人に対し、変更後の情報を提供するよう努めなければなりません（努力義務）。

◎情報提供が不要なケース
①情報がすでに提供済み
②１回に販売・授与する劇物が200mg以下
③家庭用に使われる劇物の販売
④農薬（毒物もしくは劇物で、容器に必要な情報が既表示）

練習５　難　中　易

政令第40条の９第１項の規定により、毒物劇物営業者が、毒物又は劇物を販売し、又は授与するとき、その販売し、又は授与する時までに、譲受人に対し、当該毒物又は劇物の性状及び取扱いに関する情報を提供する場合、その情報の内容として、必要でないものはどれか。下から１つ選び、その番号を答えなさい。

⑴　取扱い及び保管上の注意
⑵　安定性及び反応性
⑶　暴露の防止及び保護のための措置
⑷　用途

解答５ ▶⑷
解説　⑷は法令で規定された事項ではありません。

6 毒物・劇物の廃棄、運搬など

まとめ＆丸暗記 ■この節の学習内容と総まとめ

□ 廃棄・回収
①廃棄の方法……中和、加水分解、酸化、還元、希釈など
②回収等の命令……廃棄方法が基準に適合していない場合、都道府県知事等が命令

□ 運搬……法令で定めるものには、使用する容器や運搬方法の基準がある。
①運搬容器基準の対象となるもの……四アルキル鉛を含む製剤、無機シアン化合物である毒物（液体）、フッ化水素またはこれを含有する製剤
②運搬方法……積載方法、車両前後への掲示など
③荷送人による通知の義務……毒物・劇物を運搬する際、１回につき1,000kgを超える場合は書面の発行が義務づけられている

□ 事故の際の措置
①飛散・漏出時の措置……保健所、消防機関、警察署へすみやかに連絡
②盗難・紛失時の措置……ただちに警察署に届出

□ 監督・命令……立ち入り検査、業務改善命令、登録の取消し。

廃棄・回収

毒物、劇物または毒物・劇物を含有し政令で定めるものは、政令で定められた技術上の基準にそった廃棄方法以外で廃棄することはできません。

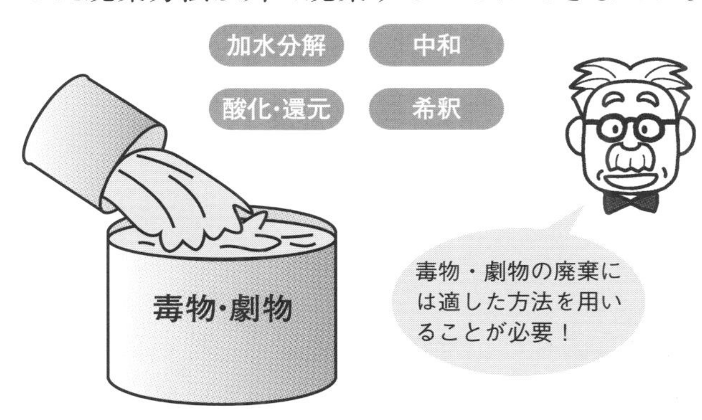

(1) 廃棄の方法

①毒物、劇物または毒物・劇物を含有し、政令で定める物（シアン含有廃液、酸・アルカリ含有廃液）は、中和、加水分解、酸化、還元、希釈、その他の方法によって、これらのいずれにも該当しない物として廃棄しなくてはなりません。

②ガス体、揮発性の毒物または劇物は、保健衛生上危害を生じるおそれがない場所で、少量ずつ放出または揮発させます。

③可燃性の毒物または劇物は、保健衛生上危害を生じるおそれがない場所で、少量ずつ燃焼させます。

④①〜③の方法で処理できないものは、深さ地下

◎廃棄手段……中和、加水分解、酸化、還元（化学的変化）、希釈、揮発、燃焼（物理的変化）、埋立てなど。

◎廃棄処理の義務対象……①すべての毒物、劇物②シアン含有廃液、酸・アルカリ含有廃液。

１メートル以上で、地下水を汚染するおそれがない地中に確実に埋めるか、海面上に引き上げられたり、浮き上がるおそれがない方法で海中に沈めます。

地中に埋める場合の深さは１m以上と決められているぞ

(2) 回収等の命令

都道府県知事、市長または区長は、毒物劇物営業者、特定毒物研究者の行う廃棄の方法が政令で定める基準に適合していない場合、必要な措置をとるように命じることができます。

運搬

毒物、劇物を運搬する際、法令で定める物については、運搬に用いる容器の基準や積載の仕方、運転時間など運搬方法に関する基準が定められています。

(1) 運搬容器基準の対象となるもの

以下の毒物・劇物については運搬容器の基準が定められています。

①四アルキル鉛を含有する製剤

②無機シアン化合物である毒物（液体状のもの）

③フッ化水素またはこれを含有する製剤（70％以上を含有するもの）

⑵　**運搬方法**

すべての毒物または劇物を対象に以下のような内容が義務づけられています。

①容器、被包への収納
②ふた、弁などによる密閉
③積載装置の長さ、幅を超えないように積載
④落下、転倒、破損を防止するための措置
⑤１回あたり**1,000kg以上**を運搬する場合、容器または被包外部への名称および成分の表示

また１回につき**5,000kg以上**の毒物・劇物（黄リンなど法令で定められた23品目に限る）を運搬する際には、以下のような内容が義務付けられています。

①交代して運転する者の同乗（１人の運転者による、(a)連続運転時間が**４時間**を超える、(b)運転時間が１日あたり**９時間**を超える、のいずれかの場合）。
②**0.3m×0.3m**の板に、**地を黒色**、**文字を白色**で「**毒**」と表示した標識を車両の**前後**に掲示。
③政令で定める、応急措置に必要な保護具を**２人分以上**配備。
④応急の措置などの内容を記載した**書面**を車両に**配備**。

◎必要な保護具……応急処置に必要なものを２人分以上。

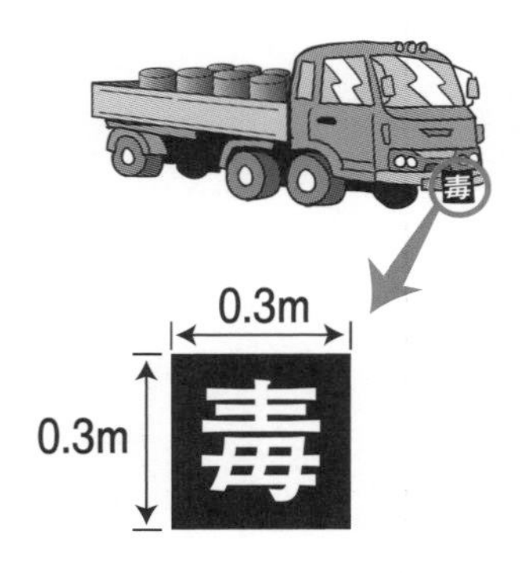

応急措置に必要な防護
服は、必ず２人分以上
必要となるよ

⑶ 荷送人による通知の義務

毒物または劇物を車両や鉄道によって運搬する場合で、運搬を他に委託し、１回の運搬につき1,000kg以上のときは、荷送人は運送人に対して、あらかじめ、事故の際の措置等を記載した書面を交付しなければなりません。

運搬する毒物・劇物の量が１回につき
1,000kg以上のとき、書面通知の義務が
発生するのだ

① 書面へ記載する内容

運搬する毒物、劇物について、以下の内容となります。

1）名称

2）成分、含量、数量

3）事故の際の応急措置

② 交付方法

書面を用いるか、もしくは、運送人の承諾があれば、磁気ディスクの交付など電磁的方法でも可能となります。

◎荷送人への通知義務
……1回につき1,000kgを超える場合に必要。

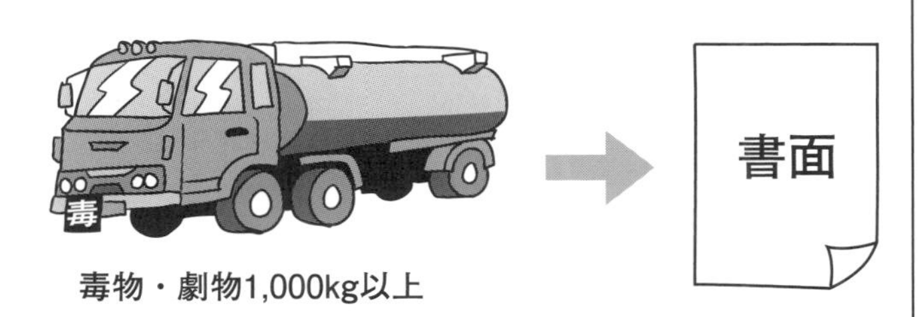

毒物・劇物1,000kg以上

事故の際の措置

毒物劇物営業者や特定毒物研究者は、取り扱う毒物・劇物または政令で定める物に飛散、漏出、盗難、紛失などの事態が生じたときは、ただちに、その旨を関係諸機関に届け出なくてはなりません。

また同時に、保健衛生上の危害を防止するために必要な応急の措置を講じなければなりません。

⑴　飛散・漏出時の措置

ただちに保健所、警察署または消防機関に届け出るとともに、保健衛生上の危害を防止するために必要な応急の措置を講じなければなりません。

⑵　盗難・紛失時の措置

ただちに警察署に届け出なければなりません。

保健所

消防署

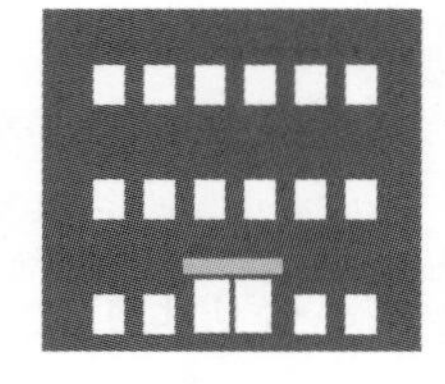
警察署

飛散、漏出のときは保健所、消防機関もしくは警察署へ

盗難、紛失のときは警察署へ
ただちに届け出なければならんぞ

監督・命令

厚生労働大臣、都道府県知事には、保健衛生上必要があると認められるときは、毒物劇物営業者、特定毒物研究者らが毒物・劇物などを取り扱う場所に指定した者を立ち入らせ、検査等を行う権限があります。

これにより法令にもとづく基準に適合しないときは、必要な措置の実施、各種登録の取消し、業務の全部もしくは一部の停止などが命じられます。

行政による、立ち入り検査等や指示・命令などを行う際の業態区分は以下のとおりとなります。

・**厚生労働大臣**……毒物または劇物の製造業者、輸入業者

・**都道府県知事**……毒物または劇物の販売業者、特定毒物研究者

◎事故の際の届出

飛散・漏出……保健所、警察、消防署のいずれか。

盗難・紛失……警察署

◆ 法令の要点まとめ ◆

毒劇法の目的	毒物および劇物について保健衛生上の見地から必要な取締りを行うこと
毒劇法における各用語の定義	毒物：法別表第１に掲げるもので、医薬品および医薬部外品以外のもの
	劇物：法別表第２に掲げるもので、医薬品および医薬部外品以外のもの
	特定毒物：毒物であって、法別表第３に掲げるもの
営業者の登録申請	製造業、輸入業：都道府県知事経由で厚生労働大臣に５年ごとに申請
	販売業（一般販売業、農業用品目販売業、特定品目販売業）：都道府県知事、市長または区長に６年ごとに申請
営業者の登録更新	登録失効日の１ヵ月前まで
営業者の登録取消処分後の登録復権期間	２年を経過していること
販売業の品目制限	一般販売業：すべての毒物・劇物が販売可能
	農業品目販売業：農業上必要な品目（毒物＞紺青などを除く無機シアン化合物など約20品目、劇物＞炭酸亜鉛などを除く無機亜鉛塩類など約100品目
	特定品目販売業：特定品目（劇物＞10％以下を除くアンモニアなど24品目）
特定毒物研究者	許可：都道府県知事または指定都市の長
	資格取消処分後の登録復権期間：２年を経過していること

特定毒物研究者	犯罪による資格取消処分後の登録復権期間：３年を経過していること
禁止及び制限事項のある特定の毒物・劇物	特定毒物の製造、輸入、使用、譲り渡し、譲り受け、所持については認められた者が定められた目的以外では禁止
	興奮、幻覚、麻酔の作用を有する毒物・劇物（およびこれらを含有する物質）として法令で定める物の摂取、吸収、所持の禁止
	引火性、発火性、爆発性のある毒物・劇物として法令で定める物の不法な所持の禁止
	すべての毒物・劇物について、通常飲食物容器として使用される容器の使用禁止
毒物劇物取扱責任者	設置：毒物劇物営業者または法令で定める事業（業務上取扱者）については、法令で定める毒物・劇物を直接取り扱う事業所ごと
	設置の目的：毒物・劇物による保健衛生上の危害の防止
	設置または変更の届出：30日以内に、各営業者は営業者登録を申請したのと同一先に届出
	毒物劇物取扱責任者の資格保持者：①薬剤師②法令で定める学校で応用化学に関する学科を修了した者③毒物劇物取扱者試験に合格した者
	欠格事由：①18歳未満の者②心身に障害がある者③薬物中毒者④毒物・劇物に関する犯罪履歴があり、刑の執行後３年を経過していない者
毒物劇物営業者、特定毒物研究者の業務	①毒物・劇物の取り扱い（法令で定める毒物・劇物等の盗難、紛失、飛散、漏出等の防止） ②毒物・劇物の容器、被包の表示（開封販売時の記載事項含む） ③毒物・劇物の貯蔵、陳列場所の表示 ④毒物・劇物の譲渡手続き（毒物劇物営業者間および営業者以外の者） ※手続きに用いた書面の保管は５年間 ⑤毒物・劇物販売先の交付制限（18歳未満の者、心身に障害がある者、薬物中毒者） ⑥引火性、発火性、爆発性のある毒物・劇物の交付時確認および帳簿記載 ※記載した帳簿の保管は５年間 ⑦特定の用途に供される毒物・劇物の販売等

<table>
<tr><td>廃　棄</td><td colspan="3">毒物・劇物または法令で定める毒物・劇物を含有する物の廃棄基準および廃棄方法</td></tr>
<tr><td>運搬等</td><td colspan="3">①毒物・劇物の運搬等の技術上の基準
②荷送人の通知義務</td></tr>
<tr><td>運搬時、荷送人への通知義務が生じる毒物劇物の積載量</td><td colspan="3">１回につき1,000kgを超える場合</td></tr>
<tr><td>運搬方法に規定が設けられる積載量</td><td colspan="3">5,000kg以上/回運搬する場合（黄リンなど法令で定められた毒物・劇物23品目限定）</td></tr>
<tr><td>事故の際の措置</td><td colspan="3">①毒物・劇物の盗難、紛失時の措置
②毒物・劇物の飛散、流出時の措置</td></tr>
<tr><td>毒物劇物営業者の情報提供</td><td colspan="3">①販売・授与時②提供方法③提供情報内容</td></tr>
<tr><td rowspan="5">各種届出</td><td>毒物劇物営業者</td><td>•氏名または住所の変更
•製造、貯蔵、運搬設備の重要部分の変更
•名称の変更
•製造所、営業所、店舗の廃止
•取扱責任者</td><td>製造業、輸入業：厚生労働大臣
販売業：都道府県知事、市長、区長
期間：30日以内</td></tr>
<tr><td>特定毒物研究者</td><td>•氏名または住所の変更
•研究所の廃止</td><td>都道府県知事または指定都市の長に30日以内</td></tr>
<tr><td>業務上取扱者</td><td>シアン化ナトリウムまたは法令で定める毒物・劇薬を業務上取り扱うとき</td><td>都道府県知事に、取り扱うこととなった日から30日以内</td></tr>
<tr><td rowspan="2">毒物劇物営業者
特定毒物研究者
業務上取扱者</td><td>毒物・劇物の盗難、紛失</td><td>ただちに警察署へ</td></tr>
<tr><td>毒物・劇物の飛散、漏出、流出</td><td>ただちに保健所、警察署または消防機関へ</td></tr>
</table>

<table>
<tr><td>各種届出</td><td rowspan="2">毒物劇物営業者
特定毒物研究者
特定毒物使用者</td><td>登録、許可の失効または特定毒物使用者でなくなったときで、特定毒物を所持している場合</td><td>製造業、輸入業：厚生労働大臣
販売業：知事、市長、区長
研究者、使用者：知事または指定都市の長へ</td></tr>
<tr><td>譲　渡</td><td>上記届出をしなければならなくなった日から、他の営業者に保有する毒物劇物を譲渡する場合</td><td>登録を失効した日から50日以内</td></tr>
</table>

第2章

基礎化学

物質とは

まとめ＆丸暗記 ■この節の学習内容と総まとめ

□ 物質の分類……純物質と混合物に分けられ、純物質は単体、元素、化合物に分かれる。
①純物質……成分の比率・性質が、どの部分でも同じ物質
②元素……基本的な物質の構成単位
③単体……単一の元素からなる物質
④化合物……２種以上の元素からなる物質
⑤混合物……２種以上の物質が混ざっているもの

□ 物質の構成……すべての物質は原子と分子から構成される。
①原子……物質の基本的な構成単位（原子核と電子からなる）
②分子……原子の集合体
③電子核……原子核の周りを運動して（回って）いる電子がつくる層。内側からＫ殻、Ｌ殻、Ｍ殻…と命名されている
④イオン……原子・分子が電子を放出・取得して電気的に＋や－に帯電しているもの

□ 結合状態と化学式
①化学結合……共有結合、イオン結合、金属結合、分子間力
②化学式……組成式、分子式、構造式、電子式、示性式など

□ 物質量
①モル（mol）……物質量を表す単位。原子や分子、イオンが 6.02×10^{23} 個で１mol
②原子量……炭素原子（C）１個の質量を12としたときの相対的な元素の質量比
③分子量……分子を構成する元素の原子量の総和

物質の分類

物質とは物体を構成する実質、素材などのことをいいます。物質には単一成分からなる単体、化合物という純物質と、それらが混ざり合った混合物があります。

物質は大きく純物質と混合物に分けられるよ

◆ 物質の分類 ◆

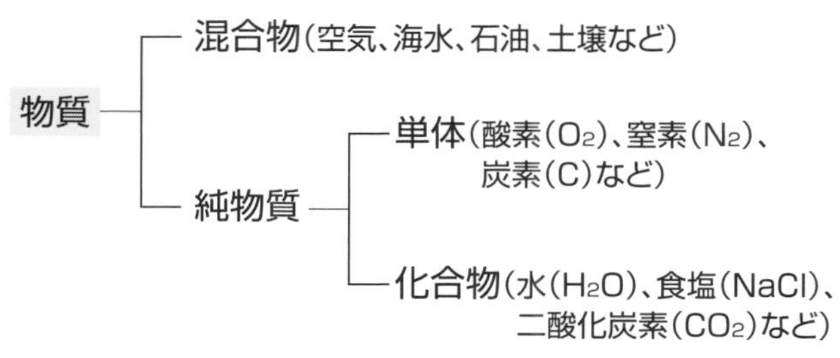

⑴　純物質

どの部分でも成分が同じ割合で、性質も同一な物質をいいます。単一成分ですから分離する（2つ以上の成分に分ける）ことができません。

⑵　元素

これ以上他の物質に分解する（分ける）ことができない物質のことで、酸素元素（O）、水素元素（H）、炭素元素（C）、ナトリウム元素（Na）などがあります。

⑶　単体

単一の元素からできている物質のことで、酸素（O_2）、水素（H_2）、黒鉛（C）などがあります。

◎純物質……それぞれの物質が固有の性質を持つ。均一に成分が存在。

◎元素の種類は元素記号で表されます（P112参照）。

(4) 化合物

２種類以上の元素からできている物質のことで、一酸化炭素（CO）、水（H_2O）、食塩（NaCl）などがあります。

(5) 混合物

純物質が**２種類以上**混ざっている物質をいいます。いくつかの純物質に分離できます（２つ以上の成分に分けられる）。

〈同素体〉

私たちのまわりには、同じ元素でできている単体であっても、性質の異なる物質があります。例えば酸素（O_2）とオゾン（O_3）、黒鉛とダイヤモンドなどで、こうした関係にあるものを**同素体**といいます。

炭素元素（C）１種類からできているダイヤモンドは、単体で純物質で、黒鉛の同素体である
2種類以上の元素から成り立っている、つまり2種類以上の元素が化合している物質だから、化合物というのだ

物質の構成

この世に存在する物質はすべて、原子、分子という微細な素粒子によって構成されています。ここでは、物質を構成する最小の単位である原子、分子について、その仕組み、性質を解説します。

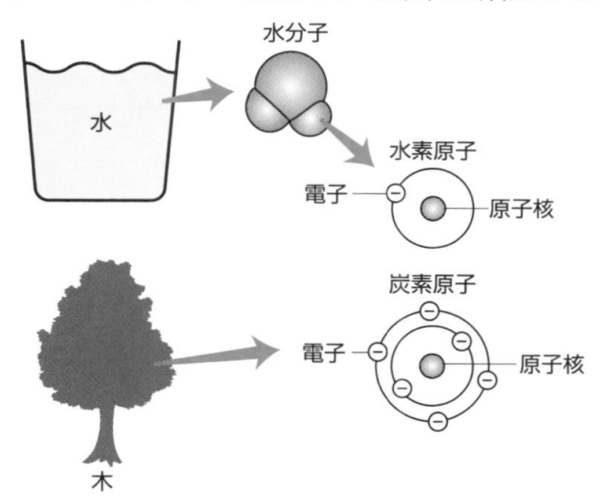

■混合物……いくつかの純物質に分けられる。

1 原子とその構成

(1) 原子

原子とは物質を構成する最小単位の粒子をいいます。原子核（正の電荷を持つ）と、その周囲を回っている電子（負の電荷を持つ）から成り立っています。

(2) 原子核

原子核は陽子（正の電荷を持つ）と中性子（電気的に正負の電荷を持たない）から構成されています。

◎原子……原子核（陽子＋中性子）と電子からできている。電気的に中性。

(3) 電気的中性

通常、原子を構成する陽子と電子の数は等しく、原子全体としては電気的に中性の状態となっています。

(4) 元素記号

原子を表記する場合に用いる記号を元素記号といいます。以下は表記の例となります。

例）酸素原子

16 ……質量数（陽子と中性子の合計数）

O……元素記号

8 ……原子番号（陽子または電子の数）

〈同位体〉

原子番号は同じですが、質量数（陽子の数＋中性子の数）が異なる元素を同位体といいます。

要するに陽子もしくは電子の数は等しいけれども中性子の数が異なる元素のことで、自然界にはごくわずかしか存在していません。

例）^{12}Cと^{13}C、^{35}Clと^{37}Cl　など

2 分子

分子とは原子の集合体で、化学的性質を持つ物質としての最小粒子のことです。

例）水素分子（H_2）、酸素分子（O_2）、二酸化炭素分子（CO_2）

3 原子の構造

(1) 電子殻

電子は原子核のまわりをいくつかの層に分かれて回転運動していると考えられています。この層を電子殻といいます。

◆電子殻のモデル◆

(2) 電子配置

１つの電子殻に収容できる電子の数は前ページの図のように決まっています。これを**電子配置**といいます。

電子配置には、原子の持つ電子の数により、原子核に近いほうから外側に向けて層をつくっていくという規則性があります。

(3) 価電子

一番外側の電子殻に収容されている電子を**価電子**といいます。価電子は他の原子との化学結合や化学反応に関与します。価電子の数が同一の元素は、同じような性質を持ちます。

(4) イオン

原子や分子が電子を放出したり、受け取ったりすることで、電気的に正（+）や負（−）に**帯電**している状態のものをいいます。

(5) 周期表

元素を原子番号順に並べた一覧表を、元素の**周期表**といいます（112ページに掲載しています）。

◎原子番号……陽子または電子の数
◎質量数……陽子の数＋中性子の数

◎電子殻……原子核に近いほうから電子が収容。

◎各元素の性質……原子の持つ価電子の数によって決まる。

元素の性質は、原子の価電子の数がカギを握っているぞ。詳しくは111ページからの“物質の性質”の項を参照されたし

結合状態と化学式

1 化学結合

物質は分子や原子同士の結合や、お互いの間に働く引力によってできています。こうした結合や引力を**化学結合**といいます。化学結合にはいくつかの種類があり、それぞれ結合する強さ（結合力）も違います。

(1) 共有結合

原子が持つ価電子の一部を共有（電子対の共有という）する形の結合をいいます。

共有結合によってできている物質を**分子性物質**（分子結晶）あるいは**共有結合性物質**（共有結合性結晶）といいます。

◆ 共有結合のモデル ◆

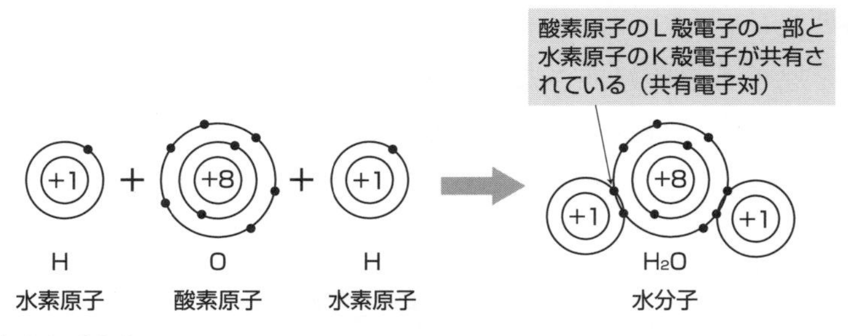

(2) イオン結合

正に帯電した陽イオンと負に帯電した陰イオンの間で起こる、電気的な引力による結合の仕方をいいます。

イオン結合によりできた物質を、**イオン結合性物質**（イオン結合性結晶）といいます。

◆ イオン結合のモデル ◆

電子がNaからClに　　イオンの電気的な引力で結合

Na ナトリウム原子	Cl 塩素原子	→	Na^+ ナトリウムイオン （陽イオン）	Cl^- 塩素イオン （陰イオン）
+11	+17		+11	+17

⑶　金属結合

金属原子の結合をいいます。この状態では、結合した各原子の価電子が自由に動き回れる状態にあります。この電子を自由電子といいます。

金属が熱や電気を伝えやすい性質を持つのは、自由電子があるためです。

熱や電気は自由電子によって金属中を伝えられるんだね

◆ 金属結合のモデル ◆

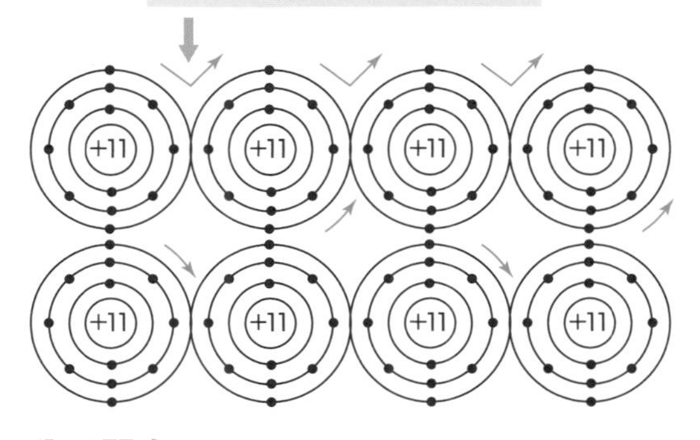

⑷　分子間力

離れた分子同士の間に働く引力のことをいいます。固体や液体は気体に比べて、一般に分子間力が大きく働きます。

⑸　結合力の強度

化学結合の結合力の強さは共有結合＞イオン結合＞金属結合＞分子間力の順になります。

◎結合力の強度……共有結合＞イオン結合＞金属結合＞分子間力の順。

結合力が一番強いのは共有結合、次いでイオン結合、金属結合と続き、もっとも弱いのが分子間力なのじゃ

2 化学式

化学結合によってできた物質の組成を元素記号で表したものが**化学式**です。

化学式には**組成式**、**分子式**、**構造式**、**電子式**、**示性式**などがあり、分子の化学結合の種類に合わせて使用されます。

◆ 化学式の種類 ◆

	組成式	分子式	構造式
アンモニア	NH_3	NH_3	H−N−H ｜ H
水	H_2O	H_2O	O ／ ＼ H　H
酢　酸	CH_2O	$C_2H_4O_2$	H　O ｜　‖ H−C−C−O−H ｜ H

(1) 組成式

物質を構成する元素の割合をもっとも簡単な比率で表した化学式をいいます。イオン結合の物質は組成式で表されます。

例）HCl（塩酸）、NaCl（塩化ナトリウム）など。

(2) 分子式

単体、化合物を形成する、原子の個数（実際の組成）を表す化学式です。これは組成式の整数倍となります。

例）H_2SO_4（硫酸）、C_6H_6（ベンゼン）など。

(3) 構造式

物質の構造を示すために用いられる化学式をいいます。

表記の仕方として、原子間の1対の**共有電子対**は1本の線で表します。この線を**価標**といい、その数は原子価といいます。

◆ 構造式の表記例 ◆

	価標	構造式
水	単結合	H－O－H（O を頂点とした折れ線形）
二酸化炭素	二重結合	O＝C＝O
窒素（ガス）	三重結合	N≡N

(4) 電子式

構造式の特殊な形態で、原子間の結合に関わる**電子対（価電子）**を「：(コロン)」で表したものをいいます。

◆ 電子式の表記例 ◆

	電子式
水	H° + ·Ö· + °H ⇒ H:Ö:H
二酸化炭素	·Ö· + ·Ċ· + ·Ö· ⇒ Ö::C::Ö
窒素	°N° + ·N· ⇒ :N⋮⋮N:

○ K殻電子　● L殻電子

(5) 示性式

原子と原子団を組み合わせて、化合物の特徴を表している化学式をいいます。

例）CH_3COOH（酢酸）、CH_3OH（メタノール）など

補足

■**化学式**……化学結合で構成される物質の組成を元素記号で表記したもの。

補足

■**価標**……共有結合物質の化学式で、原子間の1対の共有電子対を1本の線で表したもの。また、その数を原子価という。

物質量

(1) モル（mol）

非常に微細な粒子である原子や分子は、粒子を１個ずつ数えたり、１個の質量を測ることは大変困難です。そこで物質の量を表す単位として、6.02×10^{23}個の粒子（原子、分子、イオンなど）の集合体を１モル（mol）と定義しています（6.02×10^{23}という数値はアボガドロ定数といいます）。

例えば、水素分子（水素ガス：H_2）6.02×10^{23}個の集合体では、水素分子（H_2）の物質量は１モル、水素原子（H）の物質量は倍の２モルとなります。

(2) 原子量

上記したモルの考え方と同様に、微細で単一の粒子では把握・比較が困難な原子について、質量数12の炭素原子（C）１モル分の質量を12ｇとしたときの、相対的な他の元素（原子）の質量を原子量といいます。

モル(mol)という物質量の単位だけど、要するに、ボールペンが12本で１ダースというのと同じで、分子や原子は6.02×10^{23}個で１モルというわけだね

◆ 各原子の原子量 ◆

元　素	元素記号	原子量	元　素	元素記号	原子量
水素	$_{1}$H	1.0079	硫黄	$_{16}$S	32.065
炭素	$_{6}$C	12.011	カリウム	$_{19}$K	39.0983
窒素	$_{7}$N	14.0067	鉄	$_{26}$Fe	55.845
酸素	$_{8}$O	15.9994	臭素	$_{35}$Br	79.904

上の表にある原子量は、それぞれの元素が1モル（6.02×10^{23}個）集まったときの重さ（g）も表しているんだ

(3)　分子量

分子量とは、分子を構成している元素の原子量の総和をいいます。この数値に重さの単位〔g〕をつけると、その分子1モル分の質量となります。

分子を構成する元素の原子量をすべて足し合わせたものが分子量じゃ。原子量と同様、1モル分のグラム数も表しているぞ

◎1 mol……分子や原子が6.02×10^{23}個集まったときの単位。

炭素の原子量は、質量数12と13の同位体の存在比より、12×0.9890＋13×0.0110＝12.011と計算される。

注意

◎分子量……分子を構成している元素の原子量をすべて足した数値（gの単位をつければ分子1モル分の重さ《質量》となる）。

◎分子量×モル数＝モル数分の物質の質量（g）

〈分子量の求め方〉

硝酸カリウム（KNO_3）の分子量を求めてみましょう。各原子の原子量はK＝39、N＝14、O＝16とします。

・計算式

硝酸カリウム（KNO_3）の分子量

＝〔K（カリウム）の原子量〕＋〔N（窒素）の原子量〕

＋〔酸素（O）の原子量〕× 3

＝39＋14＋16× 3 ＝101

■応用計算例

〈質量の求め方〉

硫酸第Ⅱ鉄（$FeSO_4$）0.5molの質量を計算してみましょう。ただし、各原子の原子量はFe＝56、S＝32、O＝16とします。

・計算式

硫酸第Ⅱ鉄（$FeSO_4$）0.5molの質量（g）

＝〔硫酸第Ⅱ鉄（$FeSO_4$）の分子量〕×モル数（mol）

＝（56＋32＋16× 4）×0.5

＝76（g）

分子量の計算は頻出問題だから、問題集などで数をこなすことが重要だよ

2 物質の変化および性質（法則）

まとめ＆丸暗記 ■この節の学習内容と総まとめ

□　物質の変化
①物理変化……物質固有の性質が変わらない変化
②化学変化……物質固有の性質が変わる変化
③分離・分解

□　物質の状態変化……物質の状態は温度や気圧によって変化する。
①物質の三態……「固体」「液体」「気体」
②三態の変化……「融解」「凝固」「蒸発」「凝縮」「昇華」
③沸騰
④潮解
⑤風解

□　比重……ある物質と標準物質との、同じ体積での質量の比。

物質の状態は温度や気圧によって変化するぞ

物質の変化

物質の変化を大別すると、物理変化と化学変化があります。両者の最大の違いは、物質が持つ固有の性質が変わるか変わらないかという点です。

(1) 物理変化

物質が持つ固有の性質が変わらない変化をいいます。物理変化は化学反応を伴いません

例）水が凍ったり、蒸発するなど、形や状態、体積だけの変化。

◆ 物理変化の例 ◆

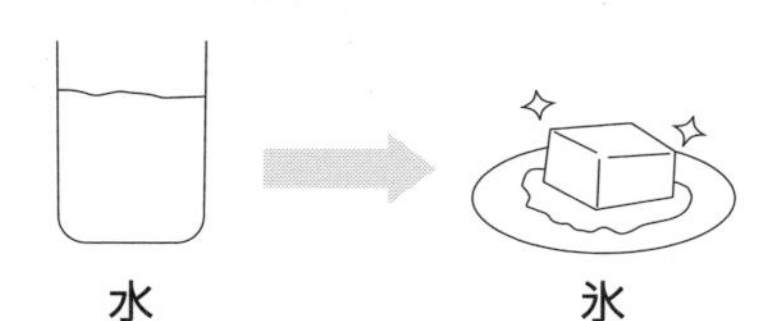

(2) 化学変化

物質が持つ固有の性質が変わる変化をいいます。化学変化は化学反応を伴います。

例）木の燃焼　$C + O_2 \rightarrow CO_2$

水の生成　$2H_2 + O_2 \rightarrow 2H_2O$

◆ **化学変化の例** ◆

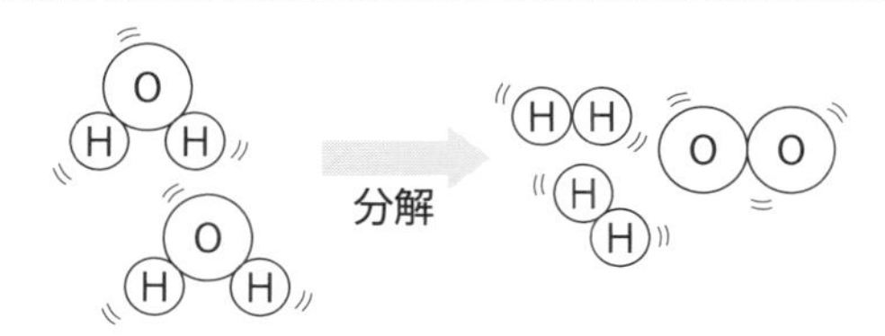

(3) 分離と分解

分離とは、物理的な方法で混合物から物質を分けることをいいます。

例）土砂をふるいにかけ、小石などを取り除く。
　　泥水のろ過を行い、水と砂などに分ける。
　など

分解とは、化学的な方法によって、化合物を２種類以上の全く異なる性質の物質に分けることをいいます。

例）水の電気分解　$2H_2O \rightarrow 2H_2 + O_2$

前ページの(2)化学変化で紹介した水の生成の反応は、この水の電気分解と逆の反応になるぞ

◎**物質の変化**
物理変化……体積や形状のみの変化。
化学変化……物質自体の性質を変える変化。

●水が氷や水蒸気になっても化合物としての性質に変化はない。

物質の状態変化

物質の状態変化とは、物質の状態が温度や圧力によって変化することをいい、液体、固体、気体の３種類（物質の三態）の状態をとります。

◆ 物質の三態変化 ◆

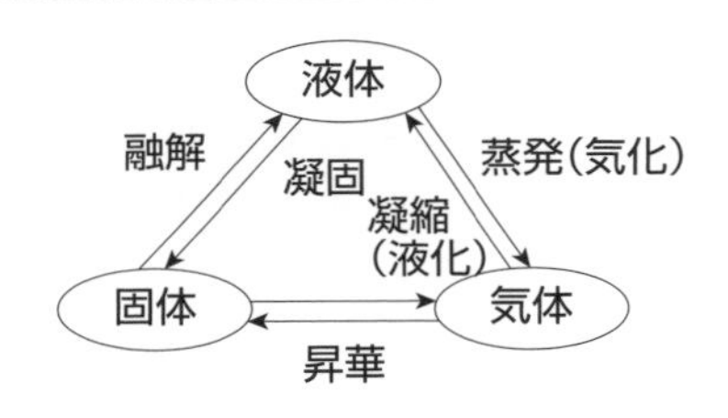

1 物質の三態

(1) 液体

物質の粒子が移動できる形で集まっている状態をいいます。

(2) 固体

物質の粒子同士が決まった位置に並び、動けない状態をいいます。

(3) 気体

物質の分子が自由に運動できる状態をいいます。

2 状態変化の呼称

(1) 融解

固体が液体になる変化のことで、このときの温度を**融点**といいます。

(2) 凝固

液体が固体になる変化のことで、このときの温度を**凝固点**といいます。

(3) 蒸発（気化）

液体の表面から気体が発生する変化をいいます。

(4) 凝縮（液化）

気体が液体になる変化をいいます。

(5) 昇華

液体を経ずに、固体が直接気体に、もしくはその逆に、気体から直接固体になる変化をいいます。

物質の状態変化と、その名称をまとめると、以下のようになるぞ

◆ 物質の状態変化 ◆

状態変化	名　称
固体 → 液体	融解
液体 → 固体	凝固
液体 → 気体	蒸発（気化）
気体 → 液体	凝縮（液化）
固体 → 気体	昇華
気体 → 固体	昇華

■**融点**……固体が液体になる温度。
■**凝固点**……液体が固体になる温度。

◎融点と凝固点は、物質により一定で、同じ状態変化に対応する温度のため、同一の値になります（常温常圧下の場合）。

3 沸騰と潮解・風解

(1) 沸騰

沸騰とは、液体表面からだけでなく、液体内部からも激しく蒸発が起こる現象をいいます。このときの温度は**沸点**と呼ばれます。

沸点は気圧に左右されやすいぞ。気圧が低くなると沸点も低く、逆に気圧が上がれば沸点も上がるんだ

(2) 潮解

空気中の水分（水蒸気）を取り込むことで自発的に固体が液体になる現象をいいます。こうした性質を持つ物質は「**潮解性**がある」「潮解性を有する」などと表現されます。

潮解性を有する物質には次のようなものがあります。

潮解性を有する物質の例

- 水酸化ナトリウム（NaOH）
- 炭酸カリウム（K_2CO_3）
- 塩化カルシウム（$CaCl_2$）など

(3) 風解

結晶水を持つ固体（水和物）から、空気中でその一部もしくは全部が失われる現象をいいます。上記の潮解と同様、こうした性質を持つ物質は「**風解性**がある」「風解性を有する」などと表現されます。

風解性を有する物質には次のようなものがあります。

風解性を有する物質の例

- 炭酸ナトリウム＋水和物（$NaCO_3 \cdot 10H_2O$）
- シュウ酸二水和物（$H_2CO_2 \cdot 2H_2O$）
- 硫酸銅五水和物（$CuSO_4 \cdot 5H_2O$）など

潮解性、風解性を有する物質も試験には頻出するぞ。詳しくは132ページからの各種毒物劇物の性質で確認されたし

比重

比重とは、同じ体積における、ある物質と標準物質との質量の比のことをいいます。

基準となる標準物質には、通常、固体・液体であれば4℃の水が用いられ、気体の場合には0℃、1気圧の空気が用いられます。

固体、液体の比重を式にすると、
〔物体の質量〕/〔物体と同じ体積の4℃の純水の質量〕
となるわけだ

補足

■**沸点**……同一条件のもとでは物質ごとに一定。ただし気圧によって変化する。気圧が高くなると、沸点も高くなる。

補足

■**潮解**……空気中の水分を吸収して溶解する(溶ける)現象。

補足

■**風解**……固体中の水分(結晶水)が失われる現象。

3 気体と溶液

まとめ&丸暗記 ■この節の学習内容と総まとめ

□ 気体の性質（法則）

①アボガドロの法則……すべての気体は、同温、同圧、同体積中であれば同数の分子を含む（気体1molは、0℃、1気圧（atm）では22.4ℓを占める）

②ボイル・シャルルの法則……一定量の気体の体積（V）は、圧力（P）に反比例し、絶対温度（T）に比例する

□ 溶液の定義

①溶液……2つ以上の物質が均一に混ざり合っている液体。溶質と溶媒からなる

②溶質……溶液に溶けている物質

③溶媒……溶質を溶かしている物質

□ 溶液の濃度と溶解度

①濃度の表し方……重量パーセント濃度、容量パーセント濃度、ppm濃度、モル濃度

②溶解度……固体：溶媒100g中に溶けることのできる溶質のグラム数

気体：1気圧の気体が溶媒1㎖に溶けている体積

□ コロイド溶液……溶媒にコロイド粒子（10^{-9}～10^{-7}m）が分散している溶液。

①コロイド溶液の種類……親水コロイド、疎水コロイド

②コロイドの性質……チンダル現象、凝析、塩析

気体の性質（法則）

気体の性質には、過去に科学者が発見した、いろいろな法則が成り立っています。用語の説明以外にも、法則を使った計算式を用いた問題も頻出しますから、しっかりと押さえておきましょう。

(1) アボガドロの法則

すべての気体は、同温、同圧で同体積の場合、その気体の種類に関係なく同数の分子を含みます。これがアボガドロの法則です。

温度、圧力がそれぞれ、0℃、1気圧（atm）の状態を標準状態といいます。この標準状態では1molの気体は22.4ℓを占めることがわかっています。

アボガドロの法則は、混合気体も含め、どんな気体にもあてはまる法則だぞ

◎アボガドロの法則……同温・同圧・同体積中には、気体の種類によらず同数の分子が含まれる（混合気体でも成立）。

■標準状態とは温度、圧力が0℃、1atmの状態。

(2) ボイル・シャルルの法則

ボイル・シャルルの法則とは「一定量の気体の体積（V）は、圧力に反比例し、絶対温度（T）に比例する」というものです。

この法則を式に表すと以下のようになります。

$$\frac{P_1 \times V_1}{T_1} = \frac{P_2 \times V_2}{T_2}$$

P＝圧力、V＝体積、T＝絶対温度＝(273＋t)

※tはセ氏温度（℃）

ボイル・シャルルの法則とは
・気体の体積は圧力に反比例
・気体の体積は絶対温度に比例
するということだ

(3) 気体反応の法則

気体同士の化学反応で気体が生成するとき、反応前後での各気体の体積の間には、同じ温度、同じ圧力のもとで簡単な整数比が成り立ちます。

溶液の定義

(1) 溶液

２種類以上の物質が、混ざり合って均一な状態になっている液体のことをいいます。溶液は溶質と溶媒からなっています。

(2) 溶質

溶液において、溶けている物質のほうを溶質といいます。

(3) 溶媒

溶液において、溶かしている物質のほうを溶媒といいます。

食塩水でいえば、食塩水が溶液、食塩が溶質、水が溶媒というわけだ

◎溶液……ある物質が他の物質と混ざり合い、均一になった状態。
◎溶質……溶液に溶けている物質。
◎溶媒……溶質を溶かしている物質（液体）。

溶液の濃度と溶解度

1 溶液の濃度

溶液の濃度には、次のようにいくつかの表し方があります。

(1) 重量パーセント濃度〔単位：%またはw/w%〕

溶液100g中に含まれる溶質のグラム数で表される濃度です。

(2) 体積パーセント濃度(容積濃度)〔単位：v/v%〕

溶液100mℓ中に含まれる溶質のミリリットル数で表される濃度です。

(3) ppm濃度〔単位：ppm〕

「%（百分率）」に対して、ppmは百万分率となり、通常、溶液1kg（1ℓ）中に含まれる溶質の

◎溶液の濃度表示
重量%濃度……(溶質(g)/溶液(g))×100
容積%濃度……(溶質(mℓ)/溶液(mℓ))×100

ミリグラム数で表される濃度です。非常に希薄な溶液の場合などに用いられます。

(4)　モル濃度〔単位：mol/ℓ〕

溶液1 ℓ中に含まれる溶質のモル数で表される濃度です。

◆ 濃度の種類 ◆

濃度の名称	単　位	計算方法
重量パーセント濃度	%またはw/w%	(溶質(g)/溶液(g))×100
体積パーセント濃度(容積濃度)	v/v%	(溶質(mℓ)/溶液(mℓ))×100
ppm濃度	ppm	(溶質(mg)/溶液(mg))×1,000,000
モル濃度	mol/ℓ	(溶質(mol)/溶液(ℓ))

濃度を求める計算問題では、ppm濃度以外はほぼ確実に出題されるぞ。以下の例題に加え、問題集も解いておこう

2 濃度計算の仕方

【例題1】

10%の食塩水200gをつくるには、水、食塩はそれぞれ何gずつ必要か。

[解答]

食塩の量は、

200(g)×0.1(=10%)=20(g)

溶媒=水、溶質=食塩で、食塩水=溶媒+溶質であることから、

水の量は200−20=180(g)

【例題2】

80（v/v％）のエタノール水溶液400mℓをつくるには水、エタノールはそれぞれ何mℓずつ必要か。

[解答]

エタノールの量は、

400(mℓ)×0.8(＝80％)＝320(mℓ)

溶媒＝水、溶質＝エタノールで、エタノール水溶液＝溶媒＋溶質であることから、

水の量は400－320＝80(mℓ)

◎溶液の総量＝溶質の量＋溶媒の量

3 溶解度

溶解度とは、溶媒に溶けることができる溶質の限度を意味します。飽和溶液の％濃度で表されることもありますが、溶質の種類により以下のように異なります。

(1) 固体の溶解度

一定温度のもとで、溶媒100ｇ中に溶けることのできる溶質のｇ数で表します。一般に、温度が高いほど溶解度も高くなります。

(2) 気体の溶解度

気体の溶解度はヘンリーの法則に従うことから、一定温度のもとで、1気圧（atm）の気体が1mℓの溶媒に溶けている体積を、標準状態の体積に換算した値で表します。

◎ヘンリーの法則……気体の溶解度は、その気体の圧力に比例する。

コロイド溶液

コロイド溶液とは、コロイド粒子と呼ばれる直径10^{-9}～10^{-7}m（10^{-7}～10^{-5}cm）の粒子が、均一に分散している溶液をいいます。こうした溶液は、一般にゾルと呼ばれます。

粒子を分散させている物質を分散媒といい、粒子として分散している物質を分散質といいます。

◆ コロイド溶液のモデル ◆

1 溶液中のコロイドの種類

水を分散媒とするコロイドには、いくつかの種類があります。

(1) 親水コロイド

〔$-OH^-$〕などの親水基を持ったコロイド粒子が水中に分散することで、表面に多くの水分子を吸着したコロイドのことをいいます。例えば、せっけんやゼラチンなどがこれにあたります。

(2) 疎水コロイド

親水基を持たないため、表面に水分子の吸着が少ないコロイドのことをいいます。例としては、塩化銀や水酸化鉄などがあります。

2 コロイドの性質

(1) チンダル現象

コロイド溶液の側面から光を当てると、光の通路が明るく輝いて見える現象をいいます。コロイド粒子が光を強く散乱させるために起こります。

(2) ブラウン運動

コロイド粒子が不規則に運動する現象のことです。

(3) 凝析

疎水コロイドの溶液に少量の電解質を加えることで、コロイド粒子が沈殿する現象をいいます。

(4) 塩析

親水コロイドの溶液に多量の電解質を加えることで、コロイド粒子が沈殿する現象をいいます。

(5) 電気泳動

コロイド溶液に電圧をかけたとき、コロイド粒子が一方の電極に集まる現象をいいます。

コロイド粒子が正または負の電荷を帯びているために起こる現象で、コロイド粒子は、帯びている電荷と反対側の電極に移動します。

◎コロイドの反応
凝析……疎水コロイドに少量の電解質を加えると沈殿。
塩析……親水コロイドに多量の電解質を加えると沈殿。

4 化学反応の表し方

まとめ&丸暗記 ■この節の学習内容と総まとめ

□ 化学反応式……物質の化学変化（化学反応）を化学式で表したもの
①化学反応式の書き方……矢印をはさんで反応物を左側、生成物を右側に書き、左右の原子数が等しくなるよう係数をつける

□ 化学反応における基本法則
①質量保存の法則……化学反応の前後で質量の総和は不変
②定比例の法則……化学反応に関与する物質の質量比は一定

□ 化学反応の分類……化合、分解、置換、複分解、中和、酸化、還元、加水分解など

化学反応式は、ルールさえわかれば、けっこう簡単に書けるものだ

化学反応式

化学反応式とは、物質の化学式を用いて化学反応を数式化して表したものをいいます。化学反応式により、化学反応による生成物の質量や体積を計算することができます。

書き方は一定のルールに従う必要がありますが、基本的に、数式については数学の考え方と同じものになります。

・**ルール①**……右向きの矢印（→）をはさんで、左側に化学反応する物質（反応物）、右側に生成する物質（生成物）を化学式で書きます。

例）（反応物Ａ）＋（反応物Ｂ）＋ ……
　　→（生成物Ａ）＋（生成物Ｂ）＋ ……

矢印（→）をはさんで、左側に反応する物質、右側に反応してできる物質を書くんだよ

◎**化学反応式の書き方**
①左辺に反応前の物質（反応物）、右辺に反応後の物質（生成物）。
②左右の原子数が等しくなるようにする。

・**ルール②**……左右の原子数が等しくなるよう、化学式の前に**係数**をつけます。

例）$2H_2 + O_2 \rightarrow 2H_2O$

※係数が1となる場合は省略します。

※化学反応式の係数の比は物質量（モル数）の比を、気体の場合であれば、同温同圧下における体積比を、それぞれ表しています。

◆ **水が生成する化学反応のモデル図** ◆

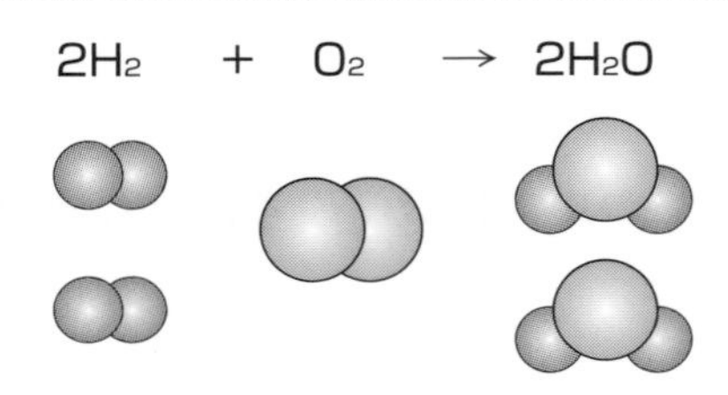

物質は原子の状態では安定して存在できない。
だから表記は必ず分子式もしくは示性式を使うのだ。
それから、係数は通常、整数で表すとされておるぞ。
以下は悪い例となる

悪い例）$H_2 + O \rightarrow H_2O$

$H_2 + 1/2O_2 \rightarrow H_2O$

化学反応における基本法則

化学反応の前後では、その反応に関わった元素の種類に変化はなく、また、反応物の質量の総和と生成物の質量の総和は同じになります。

これを**質量保存の法則**といいます。このことから、化学反応式を用いることで、反応物の物質量より、生成物の質量や体積を計算で求めることが可能となります。

(注)「質量保存の法則」が成り立つのは、反応物以外が関与しない、閉鎖系の中で反応が進む場合に限られます。
通常、化学反応式を用いた計算では、こうした前提で計算を行います。

次ページに化学反応式を用いた計算の例題を用意したから、各自取り組んでみよう

補足

■化学反応式の係数比は反応に関わる分子数の比を表している。このため、物質量の比や同温同圧での体積比を表す。

【例題】

0.04 g の水素ガスを完全燃焼させたときに生成する水蒸気（H_2O）は何molになるか。ただし、H = 1、O = 16とする。

[解答]

上記例題の化学反応式は

$$2H_2 + O_2 \rightarrow 2H_2O$$

となり、水素分子２個から水分子（水蒸気）が２個、つまり２molの水素分子から２molの水分子（水蒸気）が生成することになります。

また、水素分子（H_2）1 molは、H × 2 g = 1 × 2 = 2 gとなります。

これらから、0.04 g の水素分子は0.04/2 = 0.02molとなり、よって生成する水蒸気も0.02molとなります。

化学反応の分類

物質の化学反応は、以下のようにいくつかのパターンに分類することができます。

⑴ 化合

複数の物質から、別の物質が生成する化学反応をいいます。

パターン例）A ＋ B → C

⑵ 分解

反応の進行が、化合とは反対の方向に進む化学反応をいいます。

パターン例）C → A ＋ B

⑶ 置換

化合物を構成する１つの成分元素が他の元素に置き換えられる化学反応をいいます。

パターン例） A ＋ BC → AC ＋ B

(4) 複分解

２種類の化合物が、成分元素を交換して、新たな２種類の化合物に変化する化学反応をいいます。

パターン例）AB ＋ CD → AC ＋ BD

こうした化学反応のパターンは、次項以降にある熱化学方程式や酸と塩基の反応、酸化還元反応などで、実際の反応物をあてはめながら覚えていこう

補足

■化学反応の分類……
化合、分解、置換、複分解

練習6 難 中 **易**

次の物質のうち、化合物を選びなさい。

(1) ダイヤモンド　(2) 石灰水
(3) ドライアイス　(4) 空気
(5) ガソリン

解答6 ▶(3)

解説 (1)は純物質、(2)(4)(5)は混合物です。

5 化学反応のエネルギー

まとめ＆丸暗記 ■ この節の学習内容と総まとめ

□ 熱化学方程式
①反応熱
・熱が発生する反応……発熱反応
・熱を吸収する反応……吸熱反応
②書き方のルール
③反応熱の種類
・生成熱
・燃焼熱
・溶解熱
・中和熱

□ 熱化学方程式の計算
①ヘスの法則……反応熱は反応前後の状態のみで決まり、反応経路によらず一定
②計算演習

化学反応式と熱化学方程式の違いに注意が必要だ

熱化学方程式

熱化学方程式とは化学反応式に反応熱を書き加えたものをいいます。まずは反応熱について、さらに熱化学方程式の決まりについて、学んでいきましょう。

(1) 反応熱

反応熱とは、化学反応や物質の溶解などの物理反応などによって発生・吸収されるエネルギー（熱）のことをいいます。

反応熱は大きく２つに分かれます。

①発熱反応……熱を発生する反応

②吸熱反応……熱を吸収（必要と）する反応

◆ 発熱および吸熱反応のモデル図 ◆

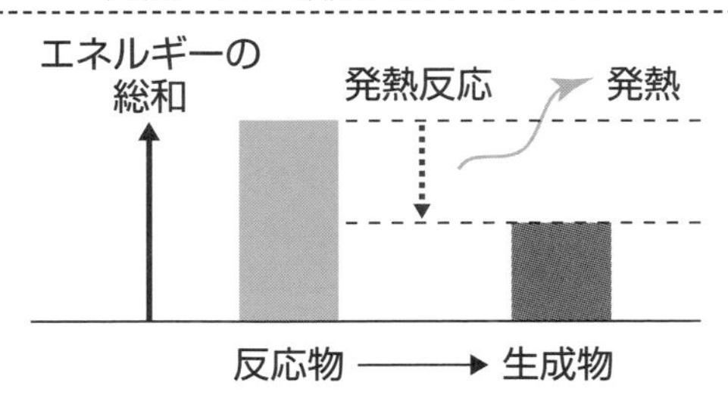

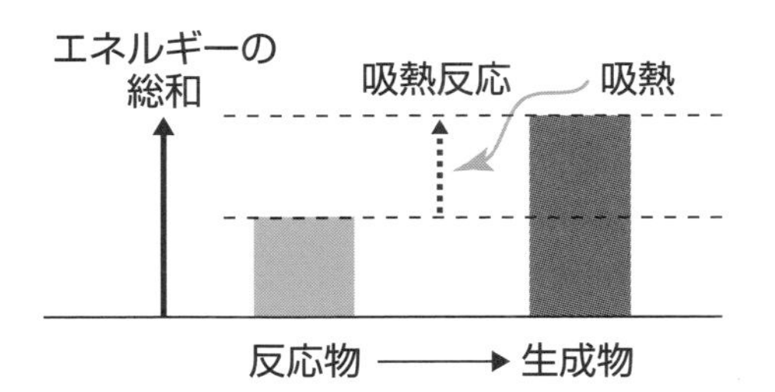

◎反応熱の分類

発熱反応……熱を発生

吸熱反応……熱を吸収

(2) 熱化学方程式の書き方のルール

熱化学方程式の書き方には次のようなルールがあります。

・**ルール①……等号でつなぐ**

化学反応式で使っていた右向きの矢印（→）の代わりに、等号（＝）を用います。

・**ルール②……係数は主役に合わせる**

反応式の中の係数は、中心となる物質が1になるように各物質の係数を合わせます（割り切れないときは分数にしてかまいません）。

・**ルール③……発熱は＋、吸熱は－で表記**

式の右側（生成物のほう）の最後に反応熱を書きます。発熱反応のときは＋、吸熱反応のときは－を付けて表記します。

・**ルール④……物質の状態を付記**

反応物、生成物ともに、それぞれの化学式の後には物質の状態を表す言葉または記号を表記します。

例）気体の場合……（気）もしくは（g）
　　液体の場合……（液）もしくは（ℓ）
　　固体の場合……（固）もしくは（s）
　　水溶液の場合……aq

ルール①の「等号でつなぐ」というのは、反応熱を加えた場合、反応前後でのエネルギーの総和が等しくなっていることを表しているのだ

(3) 反応熱の種類

発熱・吸熱以外に、反応熱には反応の種類ごとに名称があります。ここでは反応の種類と名称を覚えるとともに、反応式の表記の仕方も覚えていきましょう。

①生成熱

1 molの物質が、その成分元素の単体から生成する反応（生成反応）の際に生じる熱のことをいいます。

例）アンモニアの**生成熱**

$1/2N_2$(気)＋$3/2H_2$(気)

＝NH_3(気)＋Q (kJ/mol)

※ここでは反応熱をQと表記します（以下同、実際の熱化学方程式では数値が入ります）。

②燃焼熱

1 molの物質が完全燃焼するときに生じる反応熱をいいます。

例）メタノールの**燃焼熱**

CH_3OH(液)＋$3/2O_2$(気)

＝CO_2(気)＋$2H_2O$(液)＋Q (kJ/mol)

③溶解熱

1 molの物質が多量の溶媒に溶けるときに生じる反応熱をいいます。

例）塩化ナトリウムの水への溶解熱

NaCl＋aq＝NaClaq－Q (kJ/mol)

※＋aq：多量の水に溶解するという意味

④中和熱

酸と塩基が中和反応して、水1 molが生成する

補足

■状態を表す表記はそれぞれが頭文字をとっている。

気体（g）＝gas

液体（ℓ）＝liquid

固体（s）＝solid

水溶液(aq)＝aqua(水)

発展

アンモニアの工業的な合成は、鉄を触媒に用い、窒素と水素を直接反応させる。この方法をハーバー法（もしくはハーバー・ボッシュ法）という。

ときの反応熱をいいます。

例）塩酸と水酸化ナトリウム溶液の中和熱

HClaq＋NaOHaq

＝NaClaq＋H_2O＋Q（kJ/mol）

熱化学方程式の計算

1 反応熱

熱化学方程式を用いた計算では、反応熱を求めることができます。これは、以下で説明するヘスの法則が成り立っているからです。

2 ヘスの法則

ヘスの法則とは、「化学反応などの反応熱は、反応の経路によらず、反応前後の状態のみで決まる」というものです。

この法則が成り立つことで、反応熱のわかっている熱化学方程式を用いて、未知の反応熱を計算から求めることができます。

上記のヘスの法則を用いた、熱化学方程式による計算を以下に示します。

【演習例題】

炭素の燃焼熱は何kJ/molになるか。ただし、一酸化炭素の生成熱は110.6（kJ）、一酸化炭素の燃焼熱は283.7（kJ）とする。

[解答]

一酸化炭素の生成熱および一酸化炭素の燃焼熱を、それぞれ熱化学方程式で表すと次のようになります。

C(黒鉛)＋$1/2O_2$(気)＝CO(気)＋110.6(kJ)

CO(気)＋$1/2O_2$(気)＝CO_2(気)＋283.7(kJ)

この２つの式の両辺を足し合わせると、

C(黒鉛)＋$1/2O_2$(気)＋CO(気)＋$1/2O_2$(気)
＝CO(気)＋CO_2(気)＋283.7(kJ)
＋110.6(kJ)

これを数学的に計算していくと以下のようになるので、

C(黒鉛)＋O_2(気)＋CO(気)－CO(気)
＝CO_2(気)＋394.3(kJ)

つまり、炭素の燃焼熱、要するに炭素が完全燃焼した際の熱量は、以下のとおり394.3（kJ）となります。

C(黒鉛)＋O_2(気)＝CO_2(気)＋394.3(kJ)

上の計算式を見れば一目瞭然かな？
つまり、ヘスの法則が成り立つことから、数学の代入計算によって反応前後の物質を定めれば、その反応に固有の反応熱が求められるというわけなのだ

補足

■反応式において、反応物と生成物が決まれば、それに固有の反応熱が確定する（一定条件のもとに限る）。

酸と塩基

まとめ＆丸暗記 ■ この節の学習内容と総まとめ

□ 酸・塩基の定義（性質）
①酸……水溶液中で電離して水素イオン（H^+）を生じる物質
②塩基……水溶液中で電離して水酸化物イオン（OH^-）を放出する物質
③電離……溶液中で陽イオンと陰イオンに分かれる現象。この度合いを電離度という

□ 酸・塩基の強弱……酸・塩基の電離度が決定

□ 酸・塩基の価数

□ 中和反応と塩
①中和……酸と塩基から塩と水（H_2O）ができる反応
②塩（えん）

□ 酸・塩基の濃度
①グラム当量
②規定濃度……溶液１ℓ中の酸または塩基のグラム当量数
③水素イオン濃度とpH……水素イオン濃度［H^+］の逆数の対数を水素イオン濃度指数といいpHで表す
④塩の加水分解……塩が水に溶けることで電離したイオンと水が反応し、溶液が酸性またはアルカリ性を示す現象

酸・塩基の性質と定義

酸、塩基とは物質が持つ性質の１つで、それぞれ以下のように定義されています。

(1) 酸

酸とは以下のように定義づけられる物質のことをいいます。

①水溶液中で水素イオン（H^+）を電離して生じる。
②酸っぱさ（酸味）を感じさせる。
③金属と反応して水素ガス（H_2）を発生させる。
④青色のリトマス試験紙を赤色に変化させる。

こうした酸の性質を酸性といいます。酸性の物質は、単に酸と呼ばれるケースが多くあります。

主な酸の例）

- 塩酸（HCl）
- 酢酸（CH_3COOH）
- 硝酸（HNO_3）
- 硫酸（H_2SO_4）
- 炭酸（H_2CO_3）

など

◎酸の性質
①水素イオン（H^+）を発生
②青色リトマス紙を赤変
③酸味（酸っぱさ）を持つ

(2) 塩基

塩基とは以下のように定義づけられる物質のことをいいます。

①水溶液中で**水酸化物イオン（OH^-）**を**電離**して生じさせる。
②苦味を感じさせる。
③赤色のリトマス試験紙を青色に変化させる。

こうした塩基の性質を塩基性（もしくはアルカリ性）といいます。塩基性の物質は、単に塩基と呼ばれるケースが多くあります。

主な塩基の例）

・水酸化ナトリウム（$NaOH$）
・水酸化カリウム（KOH）
・水酸化カルシウム（$Ca(OH)_2$）
・アンモニア（NH_4OH）
・水酸化バリウム（$Ba(OH)_2$）

など

(3) 電離

電離とは溶媒に溶解した**電解質**が、陽イオンと陰イオンに分かれることをいいます。また、溶液中の電解質が電離している割合を**電離度**といいます。

電解質とは、溶液の中で電離することのできる物質のことである

酸・塩基の強弱

酸・塩基は、電離度によって以下のように分類されます。

(1) **強酸・強塩基**

電離度が大きい（1に近い）ものをいいます。

・主な**強酸**……塩酸、硫酸、硝酸など

・主な**強塩基**……水酸化カリウム、水酸化ナトリウムなど

(2) **弱酸・弱塩基**

電離度が小さいものをいいます。

・主な**弱酸**……酢酸、炭酸など

・主な**弱塩基**……アンモニアなど

電離度は割合(%)なので、電離度0.01のように、0～1の間の少数で表されるんだ

◎**塩基の性質**

①水酸化物イオン(OH^-)を発生

②赤色リトマス紙を青変

③苦味を持つ

酸・塩基の価数

酸・塩基の１分子中に含まれる水素イオン（H^+）、水酸化物イオン（OH^-）の数を**価数**といいます。

酸・塩基は価数によっても以下のように分類されます。

(1)　酸の分類

１価の酸

・塩酸（HCl）

・酢酸（CH_3COOH）

・硝酸（HNO_3）

２価の酸

・硫酸（H_2SO_4）

・炭酸（H_2CO_3）

３価の酸

・リン酸（H_3PO_4）

(2)　塩基の分類

１価の塩基

・水酸化ナトリウム（$NaOH$）

・水酸化カリウム（KOH）

２価の塩基

・水酸化カルシウム（$Ca(OH)_2$）

・水酸化バリウム（$Ba(OH)_2$）

３価の塩基

・水酸化アルミニウム（$Al(OH)_3$）

中和反応と塩

酸と塩基はお互いにその性質を打ち消しあう性質を持っています。この性質から、**中和**という反応が起こります。

1 酸と塩基による中和

酸と塩基が反応して互いの性質を打ち消し合う反応を**中和反応**といいます。この際、**塩**（えん）と水が生成します。

例）塩酸と水酸化ナトリウムの中和反応

$$HCl + NaOH \rightarrow \underset{塩}{\underline{NaCl}} + \underset{水}{\underline{H_2O}}$$

2 塩（えん）

塩とは、酸の陰イオンと塩基の陽イオンが結合した化合物のことをいいます。

塩は次のように分類されます。

①**正塩**……酸・塩基に含まれるすべてのH^+またはOH^-を、金属または酸基で置換した塩をいいます。

例）塩化ナトリウム（NaCl）、炭酸カルシウム（$CaCO_3$）など

②**酸性塩**……２価以上の酸で、一部のH^+が金属で置換されたもので、化学式中にH^+を含んでいる塩をいいます。

例）硫酸水素ナトリウム（$NaHSO_4$）、炭酸水

◎中和反応……酸＋塩基→塩（えん）＋水

素ナトリウム（$NaHCO_3$）など

③**塩基性塩**……２価以上の塩基で、一部のOH^-が酸基で陰イオン置換されたもので、化学式中にOH^-を含んでいる塩をいいます。

例）塩化水酸化カルシウム（CaCl(OH)）、塩化水酸化マグネシウム（MgCl(OH)）

酸性塩とはH^+が残っている塩で、塩基性塩とはOH^-が残っている塩のことなのだ

酸・塩基の濃度

酸・塩基の濃度を表す指標には規程度（規定濃度）や水素イオン濃度があります。

1 グラム当量

水素イオン（H^+）もしくは水酸基イオン（OH^-）１molに分にあたる酸または塩基の質量を、その酸あるいは塩基の１グラム当量といいます。

中和反応において、酸と塩基のグラム当量数が等しいとき、酸と塩基は過不足なく中和するぞ。以下はその例題じゃ

●グラム当量数が等しいとき、酸と塩基は過不足なく反応（中和）する。

【例題】

硫酸39.2 g を中和するのに濃度が2.0mol/ℓの水酸化ナトリウム水溶液は何mℓ必要か選びなさい。ただし硫酸の分子量は98とする。

1．10mℓ　2．100mℓ　3．200mℓ　4．400mℓ

［解答］ 4

硫酸39.2 g は39.2／98＝0.4molとなり、水酸化ナトリウムの容量をV（ℓ）とすると、酸と塩基のグラム当量数が等しいとき、つまり溶液中の水素イオン濃度と水酸化物イオン濃度が等しいとき、過不足なく中和することから、硫酸は2価の酸なので、

0.4×2＝2.0×V　となり　V＝0.4 ℓ＝400mℓ

2 規定濃度

溶液1 ℓ中に含まれる溶質のグラム当量数で表される濃度を**規定濃度**〔単位：N（規定)〕といいます。

〈規定濃度の求め方〉

規定濃度(N)

＝モル濃度(mol/ℓ)×(酸または塩基の)価数

$$=\frac{\text{溶質の質量(g)}}{\text{分子量}}\times\frac{1}{\text{溶液の体積(ℓ)}}\times\text{価数}$$

【例題】

0.1（mol/ℓ）のリン酸溶液は何規定か？

［解答］

リン酸（H_3PO_4）は３価の酸なので、

規定濃度（N）＝0.1（mol/ℓ）×３＝0.3（N）

3 水素イオン濃度とpH

純粋な水では25℃で１ℓあたり10^{-7}molの水素イオン（H^+）と水酸化物イオン（OH^-）が電離しています。

このときの水素イオン（H^+）の濃度を水素イオン濃度といいます。水素イオン濃度は［H^+］（mol/ℓ）で表されます。

ただし水素イオン濃度は非常に広く小さな範囲（１～10^{-14}［mol/ℓ］）で変化するため、このままでは扱いづらいことから、水溶液の性質（酸性、塩基性）を表す指数には水素イオン濃度指数（pH）が広く用いられます。

(1) 水素イオン濃度指数（pH）

水素イオン濃度指数は記号pHで表され、水素イオン濃度［H^+］（mol/ℓ）の逆数の対数をいいます。式で表すと以下のようになります。

$$pH = \log\frac{1}{[H^+]} = -\log[H^+] \quad \text{または} \quad [H^+] = 10^{-pH}$$

水素イオン濃度指数pH（ペーハーと読む）を理解するには、高校の数学で習う「対数」を少々復習しておく必要があるだろう。以下に簡単にまとめてみたので、一読してほしい

補足

■水素イオン濃度指数（pH）は、水素イオン濃度を10^{-X}と表した際の、指数（X）の数字にあたる。

■対数について

「対数」を使うことで、非常に大きな数字や、逆に非常に小さな数字も簡単な数字で表すことが可能となります。例えば、「$10^7=10{,}000{,}000$」という大きな数字も、対数で表せば「7」となります（下記の公式より$\log_{10}10^7=7$）。

また対数は、掛け算を足し算に、割り算を引き算に変換できる計算法で、pHもその考え方にもとづいて計算をします。

以下は対数の計算の規則となります。

〈対数計算の規則〉

$y=a^x$であるとき、$x=\log_a y$となります（ただし、$a=10$のときはaを省略して単に「log」と書きます）。

$\log(a\times b)=\log a+\log b$

$\log(a/b)=\log a-\log b$

$\log a^b=b\log a$（ただしa、$b\neq 0$）

$\log 10=1$　　$\log 1=0$

(2) 水素イオン濃度とpHの関係

酸性、アルカリ性の度合いとpHの関係は以下のようになります。

◆ pHと水素イオン濃度の関係 ◆

pH　0 ………………… 7 ………………………… 14

←――酸性――→ 中性 ←――アルカリ性――→

$[H^+]\,10^{-0}$ ………………… 10^{-7} ………………………… 10^{-14}

純水の中では $[H^+]=[OH^-]=10^{-7}$

このことから、$[H^+]\times[OH^-]=[H^+]^2=1\times10^{-14}$となり、これを水のイオン積という

つまり、酸性が強いほどpHの値は小さくなり、逆にアルカリ性が強いほどpHの値は大きくなります。

要するに、
pH＝7のときが中性、
pH＜7のときが酸性、
pH＞7のときが塩基性（アルカリ性）
となるのだ

4 塩の加水分解

塩が水に溶解して酸または塩基の分子ができ、その強弱によって水溶液の性質が酸性またはアルカリ性を示す反応をいいます。

塩の状態と生成する水溶液の液性は次のとおりです。

①強酸と弱塩基からなる塩……塩の一部が加水分解することで水溶液は弱酸性を示します。

②弱酸と強塩基からなる塩……塩の一部が加水分解することで水溶液は弱アルカリ性を示します。

③**強酸と強塩基からなる塩**……水に溶けても加水分解しない（酸または塩基ができない）ので水溶液は中性を示します。

つまり、酸と塩基が過不足なく中和したとしても、必ず中性（pH７）になるわけではないということだね

◎生成した塩の性質

強酸＋弱塩基……弱酸性

弱酸＋強塩基……弱塩基（アルカリ）性

練習７ 難 中 易

pH＝２の水溶液の水素イオン濃度は、pH＝４の水溶液の水素イオン濃度の何倍になるか、正しいものを下から１つ選び、その番号を答えなさい。

(1)　10倍　　(2)　20倍

(3)　100倍　　(4)　1000倍

解答７▶(3)

解説　pHとは水素イオン濃度の逆数の対数なので、pHが１増加すると水素イオン濃度は10倍となることから、10×10＝100で(3)が正解となります。

7 酸化還元反応

まとめ＆丸暗記 ■ この節の学習内容と総まとめ

□ 酸化と還元の定義

①酸化反応の定義
- ・酸素と化合すること
- ・電子を失うこと
- ・酸化数が増加すること
- ・水素を失うこと

②還元反応の定義
- ・酸素を失うこと
- ・電子を得ること
- ・酸化数が減少すること
- ・水素と化合すること

□ 酸化数……化合物中の原子やイオンの酸化状態（どれだけ電子を失ったか）を表す数。

□ 酸化剤と還元剤

①酸化剤……相手を酸化する物質→自身は還元される

②還元剤……相手を還元する物質→自身は酸化される

酸化・還元の定義

◎酸化……電子を失う
◎還元……電子を得る

1 酸化・還元の反応

酸化還元反応とは電子の授受がある化学反応のことをいいます。酸化還元反応では電子を失う酸化反応と電子を得る還元反応が同時に起こります。

2 反応の定義

酸化と還元は相反する反応で、着目する状態変化によって定義が異なります。以下にいろいろなケースの酸化・還元の定義を示します。

◆ 酸化・還元の定義 ◆

酸　化	還　元
1）電子を失うこと。	1）電子を得ること。
2）酸素と化合すること。	2）酸素を失うこと。
3）酸化数が増加すること。	3）酸化数が減少すること。
4）水素を失うこと。	4）水素と化合すること。

酸化還元反応の例）

酸化亜鉛の生成（亜鉛と酸素が直接反応）

$$2Zn + O_2 \rightarrow 2ZnO$$

上記の反応の亜鉛（Zn）と酸素（O_2）は、それぞれ次ページのような化学変化を経ています。

反応で生じた酸化亜鉛は、亜鉛原子が電子を失い（酸化反応）、その電子が酸素に与えられて酸素イオンを生じ（還元反応）、両者が結合したものとなっています。

◆ 酸化亜鉛の生成 ◆

酸化

$$2Zn + O_2 \longrightarrow 2ZnO$$

還元

銅原子が電子を失う

$$\begin{cases} 2Zn \longrightarrow 2Zn^{2+} + 4e^- \\ O_2 + 4e^- \longrightarrow 2O_2{}^- \end{cases}$$

酸素分子が電子を受け取る

反応の定義や反応式からもわかるとおり、酸化と還元はそれぞれが個別に起こる反応ではなく、常に同時に起こる反応なのだ

酸化数

原子やイオンの電子の増減を示す数を**酸化数**といい、化合物中の元素の酸化状態を表します。

1 酸化数の増減

化学反応の前後で酸化数の増加した原子、イオンは酸化されています。逆に減少していれば還元されているとわかります。

2 求める際の決まり

酸化数を求めるときのルールは以下のとおりです。

(1) 単体の原子の酸化数はゼロとします。

例）炭素（C）、酸素（O_2）など

(2) 化合物中の原子の酸化数の総和はゼロとします。

(3) 化合物中の水素原子Hは＋1、酸素原子Oは－2とします。

(4) 単原子イオンの酸化数は、そのイオンの価数と等しくなります。

例）Cu^{2+}の酸化数：＋2、S^{2-}の酸化数：－2

(5) 多原子イオンを構成する原子の酸化数の総和は、そのイオンの価数と等しくなります。

例）$CO_3{}^{2-}$の酸化数

$(+4)+(-2)\times 3=-2$

$NH_4{}^+$の酸化数：$(-3)+(+1)\times 4=+1$

過酸化物の場合、酸素原子の酸化数は－1になるから注意が必要だよ

◎酸化数の増加……その物質が酸化された。

◎酸化数の減少……その物質が還元された。

酸化剤……他の物質を酸化する。

還元剤……他の物質を還元する。

酸化剤と還元剤

酸化剤、還元剤は以下のように定義されます。

(1) 酸化剤

酸化還元反応で相手の物質を酸化する（自身としては還元される）ことができる物質をいいます。

(2) 還元剤

酸化還元反応で相手の物質を還元する（自身としては酸化される）ことができる物質をいいます。

◆ 主な酸化剤・還元剤 ◆

主な酸化剤	主な還元剤
過マンガン酸カリウム（硫酸酸性下）$KMnO_4$	塩化スズ（Ⅱ）（塩化第一スズ）$SnCl_2 \cdot 2H_2O$
オゾンO_3	過酸化水素H_2O_2※
ニクロム酸カリウム（重クロム酸カリウム）$K_2Cr_2O_7$	二酸化硫黄SO_2
過酸化水素H_2O_2※	硫酸鉄（Ⅱ）（硫酸第一鉄）$FeSO_4 \cdot 7H_2O$
濃硝酸、希硝酸HNO_3	硫化水素H_2S

※より強い酸化剤に対しては、過酸化水素は還元剤としても働く。

8 元素と化合物の性質

まとめ＆丸暗記 ■この節の学習内容と総まとめ

□ 周期表と元素の配列
①周期表……元素を原子番号順に並べた一覧表
②元素の性質との関係……縦列（族）に同様の性質を持つ元素が並ぶ

□ 無機化合物の性質
①金属の分類……比重により軽金属と重金属に分類
②アルカリ金属……1族の元素で1価の陽イオンになりやすい
③アルカリ土類金属……2族の元素で2価の陽イオンになりやすい
④炎色反応……炎が元素特有の色に発色する現象
⑤イオン化傾向……金属が電子を放出して陽イオンになろうとする傾向
⑥ハロゲン元素……17族。単体は2原子分子。還元性を持つ
⑦希ガス……閉殻構造の電子配置。単体は単原子分子

□ 有機化合物の性質と構造……可燃性、難溶性で、反応時間を要する。
①官能基……反応性大で化学反応に関与する部位
②異性体……分子式が同一で異なる構造式を持つもの

□ 有機化合物の化学反応……置換、酸化、還元、加水分解など。

周期表と元素の配列

各元素を原子番号順に並べた一覧表を周期表といいます。周期表では、類似した性質の元素が縦に並ぶなどの特徴があることから、周期表を用いることで、元素の性質を予測・説明することが可能となります。

1 周期表で用いる名称

(1) 族と周期

周期表の縦の列を族（もしくは属）、横の列を周期といいます。

(2) 遷移元素

3族〜11族の希土類、チタン族、マンガン族などを遷移元素といいます。

(3) 典型元素

1族、2族および12族〜18族のアルカリ金属、アルカリ土類金属、ハロゲンなどを典型元素といいます。

◆ 主な周期表の区分 ◆

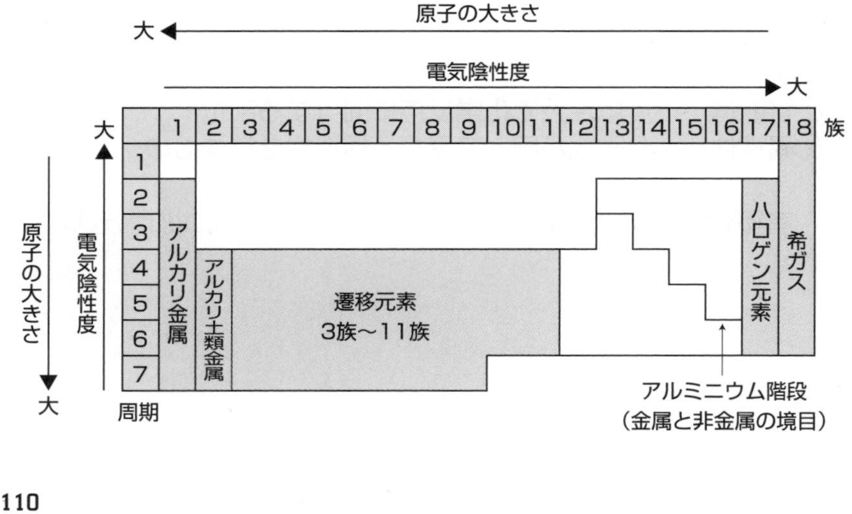

原子の大きさ
大
電気陰性度
大
1 2 3 4 5 6 7 8 9 10 11 12 13 14 15 16 17 18 族
1 2 3 4 5 6 7
周期
原子の大きさ 大
電気陰性度 大
アルカリ金属
アルカリ土類金属
遷移元素
3族〜11族
ハロゲン元素
希ガス
アルミニウム階段
（金属と非金属の境目）

2 周期表と元素の性質

前ページの図内に表記されているように、周期表の元素の並び方にはいろいろな法則が成り立っています。主なものは以下のとおりです。

(1) 電気陰性度

電気陰性度とは原子が電子を引きつける力のことをいい、周期表の右上の方にある元素ほど大きくなります。

(2) 原子半径（原子の大きさ）

周期表の左下にある元素ほど原子の大きさは大きくなります。

(3) 陽イオンになりやすい度合い

周期表の左下にある元素ほどイオン化エネルギーが小さくなることから、陽イオンになりやすい性質を持っています。

(4) 陰イオンになりやすい度合い

周期表の右上にある元素ほど電子親和力が大きくなることから、陰イオンになりやすい性質を持っています。

次ページに周期表を掲載したので、しっかり確認しておくこと。また、周期表はこれ以降もたびたび利用することになるぞ

◎**各元素（族）の分類**
遷移元素……3族～11族
アルカリ金属……1族
アルカリ土類金属……2族
ハロゲン……17族
希ガス……18族

◎族は性質が似た元素のグループとなる。

補足

■**イオン化エネルギー**……電子を取り去るときに必要なエネルギー。
■**電子親和力**……原子が陰イオンになる際に放出するエネルギー。

◆ 元素周期表 ◆

典型非（金属）元素　典型（金属）元素　遷移（金属）元素　不明

	1族	2族	3族	4族	5族	6族	7族	8族	9族
1	1 ←（原子番号） **H** ←（原子記号） 1.008 ←（原 子 量） 水素 ←（原 子 名）								
2	3 **Li** 6.941 リチウム	4 **Be** 9.012 ベリリウム							
3	11 **Na** 22.99 ナトリウム	12 **Mg** 24.31 マグネシウム							
4	19 **K** 39.10 カリウム	20 **Ca** 40.08 カルシウム	21 **Sc** 44.96 スカンジウム	22 **Ti** 47.87 チタン	23 **V** 50.94 バナジウム	24 **Cr** 52.00 クロム	25 **Mn** 54.94 マンガン	26 **Fe** 55.85 鉄	27 **Co** 58.93 コバルト
5	37 **Rb** 85.47 ルビジウム	38 **Sr** 87.62 ストロンチウム	39 **Y** 88.91 イットリウム	40 **Zr** 91.22 ジルコニウム	41 **Nb** 92.91 ニオブ	42 **Mo** 95.94 モリブデン	43 **Tc** (99) テクネチウム	44 **Ru** 101.1 ルテニウム	45 **Rh** 102.9 ロジウム
6	55 **Cs** 132.9 セシウム	56 **Ba** 137.3 バリウム	57-71 ↓ ランタノイド	72 **Hf** 178.5 ハフニウム	73 **Ta** 180.9 タンタル	74 **W** 183.9 タングステン	75 **Re** 186.2 レニウム	76 **Os** 190.2 オスニウム	77 **Ir** 192.2 イリジウム
7	87 **Fr** (223) フランシウム	88 **Ra** (226) ラジウム	89-103 ↓ アクチノイド	104 **Rf** (267) ラザホージウム	105 **Db** (268) ドブニウム	106 **Sg** (271) シーボーギウム	107 **Bh** (272) ボーリウム	108 **Hs** (277) ハッシウム	109 **Mt** (276) マイトネリウム
族名	アルカリ 金属	アルカリ 土類金属	希土類	チタン族	土酸金属	クロム族	マンガン族	鉄族（第4周期の 白金族（第5周期以	

	3族	4族	5族	6族	7族	8族	9族
ランタノイド →	57 **La** 138.9 ランタン	58 **Ce** 140.1 セリウム	59 **Pr** 140.9 プラセオジウム	60 **Nd** 144.2 ネオジウム	61 **Pm** (145) プロメチウム	62 **Sm** 150.4 サマリウム	63 **Eu** 152.0 ユウロピウム
アクチノイド →	89 **Ac** 227 アクチニウム	90 **Th** 232.0 トリウム	91 **Pa** 231.0 プロトアクチニウム	92 **U** 238.0 ウラン	93 **No** 237 ネプツニウム	94 **Pu** (239) プルトニウム	95 **Am** (243) アメリシウム

	10族	11族	12族	13族	14族	15族	16族	17族	18族
									2 **He** 4.003 ヘリウム
				5 **B** 10.81 ホウ素	6 **C** 12.01 炭素	7 **N** 14.01 窒素	8 **O** 16.00 酸素	9 **F** 19.00 フッ素	10 **Ne** 20.18 ネオン
				13 **Al** 26.98 アルミニウム	14 **Si** 28.09 ケイ素	15 **P** 30.97 リン	16 **S** 32.07 硫黄	17 **Cl** 35.45 塩素	18 **Ar** 39.95 アルゴン
	28 **Ni** 58.69 ニッケル	29 **Cu** 63.55 銅	30 **Zn** 65.41 亜鉛	31 **Ga** 69.72 ガリウム	32 **Ge** 72.64 ゲルマニウム	33 **As** 74.92 ヒ素	34 **Se** 78.96 セレン	35 **Br** 79.90 臭素	36 **Kr** 83.80 クリプトン
	46 **Pd** 106.4 パラジウム	47 **Ag** 107.9 銀	48 **Cd** 112.4 カドミウム	49 **In** 114.8 インジウム	50 **Sn** 118.7 スズ	51 **Sb** 121.8 アンチモン	52 **Te** 127.6 テルル	53 **I** 126.9 ヨウ素	54 **Xe** 131.3 キセノン
	78 **Pt** 195.1 白金	79 **Au** 197.0 金	80 **Hg** 200.6 水銀	81 **Tl** 204.4 タリウム	82 **Pb** 207.2 鉛	83 **Bi** 209.0 ビスマス	84 **Po** (210) ポロニウム	85 **At** (210) アスタチン	86 **Rn** (222) ラドン
	110 **Ds** (281) ダームスタチウム	111 **Rg** (280) レントゲニウム	112 **Cn** (285) コペルニシウム	113 **Nh** (278) ニホニウム	114 **Fl** (289) フレロビウム	115 **Mc** (289) モスコビウム	116 **Lv** (293) リバモリウム	117 **Ts** (293) テネシン	118 **Og** (294) オガネソン
3元素) 下の元素)		銅族	亜鉛族	アルミニウム族	炭素族	窒素族	酸素族	ハロゲン	希ガス

	64 **Gd** 157.3 ガドリニウム	65 **Tb** 158.9 テルビウム	66 **Dy** 162.5 ジスプロシウム	67 **Ho** 164.9 ホルミニウム	68 **Er** 167.3 エルビウム	69 **Tm** 168.9 ツリウム	70 **Yb** 173.0 イッテルビウム	71 **Lu** 175.0 ルテチウム
	96 **Cm** (247) キュリウム	97 **Bk** (247) バークリウム	98 **Cf** (252) カリホリニウム	99 **Es** (252) アインスタニウム	100 **Fm** (257) フェルミウム	101 **Md** (258) メンデレビウム	102 **No** (259) ノーベリウム	103 **Lr** (262) ローレンシウム

無機化合物の性質

元素は一般に金属と非金属に分類することができます。

(1) 金属元素の分類・性質

①分類

・比重がほぼ４以下……軽金属（アルカリ金属、アルカリ土類金属、アルミニウム（Al）など）

・比重がほぼ４以上……重金属（すべての遷移元素、一部の典型元素（水銀（Hg）、鉛（Pb）、タリウム（Tl）など））

②性質……状態は主に固体で、展性・延性があり、金属光沢を持ち、熱や電気をよく伝えます。酸と反応して塩を生成し、塩が水溶液中にあるときは陽イオンになります。

例外として、常温、常圧のもとで唯一
液体である金属に、水銀があるぞ

(2) 主な金属元素およびその性質

①アルカリ金属……水素（H）を除く周期表１族の元素（リチウム（Li）、ナトリウム（Na）、カリウム（K）、ルビジウム（Rb）、セシウム（Cs）、フランシウム（Fr））で、次のような性質を持っています。

・１価の陽イオンになりやすい。
・常温でも水と激しく反応する。
・ハロゲンや酸素に対して強い親和性を持つ（結びつきやすい）。
・金属光沢がある。
・軽くて軟らかく、融点が低い。

アルカリ金属の覚え方には、
こんな語呂合わせを使ってみるのもいいぞ。

リッチ	な	彼女	は ルビー を	せしめて	フランス へ
Li	Na	K	Rb	Cs	Fr
リチウム	ナトリウム	カリウム	ルビジウム	セシウム	フランシウム

これは、ある彼（アルカリ＝アルカリ金属）
の悲しいお話……というわけじゃな

②**アルカリ土類金属**……ベリリウム（Be）、マグネシウム（Mg）を除く周期表２族の元素（カルシウム（Ca）、ストロンチウム（Sr）、バリウム（Ba）、ラジウム（Ra））で、以下のような性質を持っています。
・２価の陽イオンになりやすい。
・水酸化物は強塩基となる。
・水素、塩素、酸素などと直接反応する。
・アルカリ金属より硬く、融点も高い。

◎金属の性質……展性、延性、金属光沢、熱・電気をよく伝える。

③**炎色反応**……試料溶液（金属の溶液）を白金線の先につけて炎の中に入れた際、炎が各**元素特有の色に発色**する現象をいいます。

◆ **炎色反応による発色** ◆

原　子	Li	Na	K	Rb	Cs	Ca	Sr	Ba	Cu
炎色反応	赤	黄	淡紫	赤紫	青	赤橙	深紅	淡緑	緑

炎色反応は第３章の毒物・劇物の識別方法でも取り上げているけど、試験には頻出の項目だから、ぜひ覚えておこう

④**イオン化傾向**……水や水溶液中で、金属元素が電子を放出して**陽イオンになろうとする傾向**のことをイオン化傾向といいます。イオン化傾向の大きい元素ほど反応性が高くなります。

イオン化傾向の大小はぜひ覚えておきたい。次ページに語呂合わせの覚え方を載せておいたから、参考にしてほしい

◆ イオン化傾向の順序 ◆

貸そうか	な	ま	あ	あ	て	に	す	
K >	Ca >	Na >	Mg >	Al >	Zn >	Fe >	Ni >	Sn

な	ひ	ど	す	ぎる	借(白)	金
> Pb >	(H) >	Cu >	Hg >	Ag >	Pt >	Au

イオン化傾向は大きいほうから『貸そうかな？ まぁ、あてにすんな、ひどすぎる借（白）金』というわけじゃな

(3) 主な非金属元素およびその性質

①**ハロゲン元素**……周期表17族の元素（フッ素（F）、塩素（Cl）、臭素（Br）、ヨウ素（I）、アスタチン（At））で、次のような性質を持っています。

- 単体はすべて**2原子分子**となります。
  例） F_2、Cl_2、I_2など
- 還元性が高く、**酸化剤**として作用します。
- 水溶液中では**1価の陰イオン**になって存在します。
- いろいろな金属と反応して塩をつくります。
- 銀（Ag）と反応すると難溶性の塩をつくります。

◎覚えておきたい炎色反応……Li、Na、K、Ca、Ba、Sr、Cuは頻出。

補足

■ハロゲン（Halogen）はギリシャ語由来で「塩を作るもの」という意味。

ハロゲン元素の覚え方には、こんな語呂合わせがあるよ。

ふっ	くら	ブラジャー	アイロン	あてた
F	Cl	Br	I	At
フッ素	塩素	臭素	ヨウ素	アテニウム

これと併せて、以下の表の内容も覚えておこう

◆ 主なハロゲンの性質 ◆

元素名・元素記号	フッ素（F）	塩素（Cl）	臭素（Br）	よう素（I）
単体の分子式	F_2	Cl_2	Br_2	I_2
常温の状態	淡黄色の気体	黄緑色の気体	赤褐色の液体	黒紫色の固体
水との反応	激しく反応して酸素を発生する	わずかに反応し、光によって酸素を発生する	塩素よりも弱い反応性を示す	水に溶けにくく、反応しにくい
ハロゲン化水素	HF（弱酸）	HCl（強酸）	HBr（強酸）	HI（強酸）
銀　塩	AgF（水に可溶）	AgCl（難溶、白色）	AgBr（難溶、淡黄色）	AgI（難溶、黄色）

ハロゲンはどれも重要な物質だが、試験対策としては、特に塩素とヨウ素をしっかりと押さえておきたいところだ

②**希ガス**……18族の元素（ヘリウム（He）、ネオン（Ne）、アルゴン（Ar）、クリプトン（Kr）、キセノン（Xe）など）で、以下のような性質を持っています。

- 電子配置が閉殻構造のため反応性が低く、他原子とほとんど結合しない（このため不活性ガスとも呼ばれる）。
- 常温下で単体分子として存在する。
- 大気中や地殻中にはわずかしか存在していない。

◎**希ガスの性質**
①反応性低い
②単体分子で存在

希ガスという名称は、大気・地殻の中にわずかしか存在しない「希（少ない）ガス」ということから呼ばれているんだ

有機化合物の性質と構造

構造の基本骨格が炭素原子と水素原子からなる化合物を有機化合物といいます。窒素、酸素、硫黄、リンなどが含まれる場合もあります。

1 有機化合物の性質

有機化合物には次のような性質があります。

①可燃性で、水に溶けにくく、有機溶媒に溶けやすいものが多くあります。
②反応の進行速度は遅く、副生成物が生じやすいため、目的とする生成物の収率も低くなります。
③気体、液体、固体のいずれの状態でも存在しますが、固体でも融点は低くなります。

有機化合物は一般的に、可燃性で、水には溶けにくいが、有機溶媒には溶けやすい物質だといえる

2 有機化合物の構造

CH_3（ベンゼン環）　H、Cl、C=C、Cl、H　H_3C、CH_3、CH、OH

有機化合物の構造は、主骨格に4価の炭素原子が複数個存在することから、二重結合や三重結合を持つ鎖状、環状のものが多くなり、また、膨大な種類が存在します。

ここでは特に重要な次の点について説明します。

(1) 官能基と残基

有機化合物は一般に、官能基と残基から成り立っています。

①**官能基**……化合物の分子中で、反応性が大きい、化学反応に容易に関与する部分をいいます。

②**残基**……化学変化を受けにくい、官能基を除いた残りの部分をいいます。

◎**有機化合物の性質**
①可燃性
②水に不溶、有機溶媒に可溶

■**官能基**……反応性が大きい。化学反応に関わる部分。

◆ 主な官能基の種類と性質 ◆

名　称	示性式	一般名	化合物の例	官能基の性質
アルコール性水酸基	$-OH$	アルコール	エタノール C_2H_5OH	中性、エステルの生成
フェノール性水酸基	$-OH$	フェノール類	フェノール C_6H_5OH	弱酸性、$FeCl_3$で紫に呈色
アルデヒド基	$-CHO$	アルデヒド	ホルムアルデヒド $HCHO$	還元性（銀鏡反応など）
カルボキシル基	$-COOH$	カルボン酸	酢酸 CH_3COOH	弱酸、アルコールとエステルをつくる
カルボニル（ケトン）基	$-CO-$	ケトン	アセトン CH_3COCH_3	還元性なし
エーテル結合	$-O-$	エーテル	ジエチルエーテル $C_2H_5-O-C_2H_5$	加水分解されない
エステル結合	$-COO-$	エステル	酢酸エチル $CH_3COOC_2H_5$	加水分解でアルコールとエステルを生成
スルホン基	$-SO_3H$	スルホン酸	ベンゼンスルホン酸 $C_6H_5SO_3H$	強酸性
ニトロ基	$-NO_2$	ニトロ化合物	ニトロベンゼン $C_6H_5NO_2$	中性、水に難溶
アミノ基	$-NH_2$	アミン	アニリン $C_6H_5NH_2$	弱塩基性

(2) 異性体

同一の分子式で、構造式と性質が異なる化合物をいいます。

異性体には構造異性体、幾何異性体、位置異性体ほか、いくつかの種類があります。

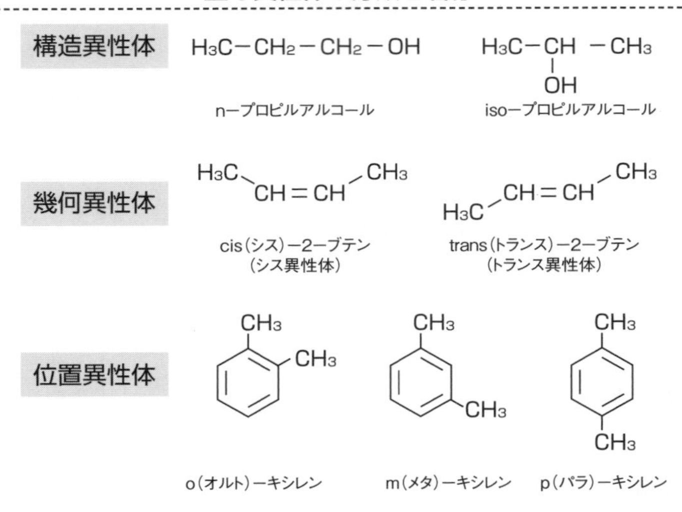

①**構造異性体**……官能基の結合している炭素鎖の構造が異なるものをいいます。位置によりノルマル（n－）、イソ（iso－）、ターシャル（tret－）があります。

②**幾何異性体**……炭素間の二重結合を境に立体配置が異なるものをいいます。位置によりシス体（cis）、トランス体（trans）があります。

③**位置異性体**……ベンゼン環に結合している官能基の位置関係が異なるものをいいます。位置によりオルト（o－）、メタ（m－）、パラ（p－）があります。

異性体とは、分子式は同じだが、構造式と性質が異なっている物質のことである

有機化合物の化学反応

有機化合物の化学反応には次のようなものがあります。

(1) 置換

化合物の中の原子もしくは原子団が、他の原子もしくは原子団に置き換わる反応をいいます。

反応例)

・メタンのハロゲン化

$$CH_4 + Br_2 \xrightarrow{\text{UV or heat}} CH_3Br + HBr$$

・ベンゼンのニトロ化

$$C_6H_6 + HNO_3 \xrightarrow{H_2SO_4} C_6H_5NO_2 + H_2O$$

実際のハロゲン化反応の場合、置換するハロゲンの数が異なる複数の物質（上記の反応であればCH_2Br_2、$CHBr_3$など）が生成するよ

補足

■異性体……同じ分子式で性質と構造式が異なるもの。

(2) 酸化

炭素原子と水素原子のみからなる有機化合物を完全燃焼させると、炭酸ガス（CO_2）と水（H_2O）ができます。

反応例）

・エタンの酸化反応

$$2C_2H_6 + 7O_2 \rightarrow 4CO_2 + 6H_2O$$

・メタノールの酸化反応

$$2CH_3OH + 3O_2 \rightarrow 2CO_2 + 4H_2O$$

また、こうした反応以外に、アルコールを酸化剤や金属触媒などを用いて酸化するとアルデヒドになり、そこからさらに酸化するとカルボン酸になります。

反応例）

・メタノールの酸化によるホルムアルデヒドの生成反応

$$2CH_3OH + O_2 \rightarrow 2HCHO + 2H_2O$$

・ホルムアルデヒドの酸化によるギ酸の生成反応

$$2HCHO + O_2 \rightarrow 2HCOOH$$

(3) 還元

有機化合物の還元反応の多くは、水素を付加（水素化）される反応となります。

反応例）

・ニトロベンゼンの還元によるアニリンの生成反応

$$C_6H_5NO_2 + 6[H] \rightarrow C_6H_5NH_2 + 2H_2O$$

有機化合物の酸化還元反応は、
電子（e⁻）の移動を伴わない
点が特徴となるぞ

◎**有機物の酸化反応例**
アルコール→アルデヒド→カルボン酸

(4) 縮合（脱水縮合）

反応した化合物の２つの官能基から１分子分の水がとれて結合することで、別の物質ができる反応をいいます。

反応例）

・酢酸のエステル化

$CH_3COOH + C_2H_5OH$
$\rightarrow CH_3COOC_2H_5 + H_2O$

◎**有機物の加水分解例**
エステル→アルコール＋カルボン酸

(5) 加水分解

化合物の官能基に**１分子分の水が付加**することで、別の２つの物質ができる反応をいいます。

反応例）

・エステルの加水分解

$CH_3COOC_2H_5 + H_2O$
$\rightarrow CH_3COOH + C_2H_5OH$

・酢酸エチルのアルカリによる加水分解（けん化）

$CH_3COOC_2H_5 + NaOH$
$\rightarrow CH_3COONa + C_2H_5OH$

アルカリによる加水分解反応は、特に
「けん化」と呼ばれているんだ

◆ 有機化合物の化学反応 ◆

置　換	化合物中の原子や原子団が置き換わる
酸　化	・有機化合物（炭素原子と酸素原子のみから構成）の完全燃焼 ・アルコールに酸化剤や金属触媒などを用いる
還　元	水素が付加（水素化）
縮　合	２つの化合物から１分子分の水がとれて結合
加水分解	化合物に１分子分の水が付加して分解

第3章

毒物・劇物の性質および取扱方法

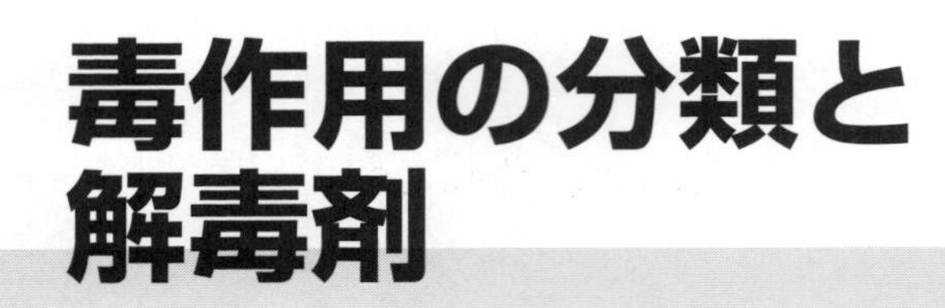

1 毒作用の分類と解毒剤

まとめ＆丸暗記 ■ この節の学習内容と総まとめ

□ 主な毒作用
①細胞の崩壊・壊疽
②代謝作用への障害
③酸素の供給を阻害
④中枢神経と心臓をおかす
⑤神経伝達機能の阻害

□ 毒物劇物の判定基準……経口・経皮摂取のLD_{50}（半数致死量）などにもとづき、物性等を勘案して判定。

□ 解毒剤……必ず有効なものが毒物劇物ごとにあるわけではないが、いくつかの有効な解毒剤は定められている。

ここからは試験科目の「毒物及び劇物の性質及び貯蔵その他の取扱い方法」と「実地」に相当するのだが、実際の試験では明確な内容の区別がされていない。
そこで、本書でも２科目分の内容を、この章で解説していくこととするぞ

主な毒作用

生体への毒物、劇物による毒作用は、大きく分けると以下のようなものがあります。

◆ 毒物・劇物の毒作用 ◆

作　用	毒物・劇物の例
細胞を崩壊、壊疽等させるもの	腐食性酸類（塩酸、硫酸、硝酸など）、腐食性アルカリ（水酸化ナトリウム、アンモニア水など）、水銀、銀、銅などの塩類
代謝作用に障害をきたすもの	黄リン、鉛化合物、ヒ素化合物、アンチモン化合物など
酸素の供給を阻害するもの	シアン化合物、ニトロベンゼン、塩素酸塩類など
主に中枢神経と心臓をおかすもの	メタノール、クロロホルム、スルホナールなど
神経の正常な機能を阻害するもの	EPN等の有機リン製剤、パラチオンなど

毒性については、次項でより詳細な内容をお伝えするが、大まかなポイントとして、上の表を覚えこんでおきたい

◎毒作用の分類
①細胞の崩壊
②代謝障害
③酸素供給阻害
④中枢神経および循環器系障害
⑤神経伝達機能阻害

毒物・劇物の判定基準

毒物・劇物の判定には、動物、人における知見、あるいはその他の知見にもとづき、当該物質としての物性や化学製品としての特性などを勘案して行われます。

以下に動物における知見の一例を示します。

◆ **動物における知見例（急性毒性）** ◆

■ 経口：毒物 → LD_{50}が50mg/kg以下
劇物 → LD_{50}が50mg/kgを超え300mg/kg以下

■ 経皮：毒物 → LD_{50}が200mg/kg以下
劇物 → LD_{50}が200mg/kgを超え1,000mg/kg以下

解毒剤

特定の毒物や劇物についての有効な解毒剤は、あまり存在していないのが実情です。ただし、次にあげてあるものは必ず覚えておくようにしましょう。

(1) 一般的なもの

①**吸着剤**……活性炭、$Fe_2(SO_4)_3$飽和溶液　など

②**酸化解毒剤**……0.1％過マンガン酸カリウム溶液、ヨウ素の希薄溶液　など

(2) 特定の毒物・劇物についての解毒剤

①ヒ素化合物、アンチモン化合物、水銀化合物……BAL（ジメルカプロール）

②シュウ酸塩類……カルシウム剤（注射）

③シアン化合物……亜硝酸ナトリウムとチオ硫酸ナトリウム（注射）

④ヨウ素……でんぷん溶液

⑤有機リン化合物……PAM（2－ピリジルアルドキシムメチオダイド）

⑥強酸……弱アルカリ

⑦強アルカリ……弱酸

解毒剤についても、次項以降でより詳しくお伝えする。毒性と併せて覚えておかれたし

◎急性中毒……一度に多量に体内へ吸収された場合の中毒。

補足

■慢性中毒……長時間にわたり少量ずつ体内に吸収された場合。

◎解毒剤の分類

・一般的な解毒剤：
吸着剤、酸化解毒剤

特定の毒劇物に用いる
・解毒剤：
シュウ酸塩……カルシウム剤（注射）
シアン化合物……亜硝酸ナトリウムおよびチオ硫酸ナトリウム（注射）
有機リン化合物……PAM

1 毒作用の分類と解毒剤

練習8 難 中 易

薬物の解毒剤として、正しいものの組み合わせを選びなさい。

	薬物	解毒剤
(1)	ヒ素化合物	PAM
(2)	シュウ酸塩類	BAL
(3)	ヨウ素	でんぷん溶液
(4)	有機リン化合物	カルシウム剤

解答8 ▶(3)

解説 (1)ヒ素化合物はBAL、(2)シュウ酸塩類はカルシウム剤、(4)有機リン化合物はPAMが、それぞれ主な解毒剤となります。

2 主な毒物・劇物の性質、毒性など

まとめ＆丸暗記 ■ この節の学習内容と総まとめ

　ここでは個々の毒物・劇物について、具体的な性質や毒性などを学んでいきます。133～144ページでは「主な毒物」について、145～180ページでは「主な劇物」について、以下のような内容を紹介しています。ほぼ暗記によるものとなりますが、頑張って覚えてください。

□　物質群、化合物群に共通した項目
①毒性……物質群などに共通する毒作用と中毒症状など
②解毒剤または解毒法……物質群などに共通する解毒剤・解毒法

□　物質ごとの項目
①物質名……基本は法別表または指定令記載の名称（一般名や略称が広く用いられている場合はそちらを記載し、正式名称（化学名）は別名に記載）
②品目制限……一般、農業用品目、特定品目の販売品目制限区分
③別名……法令で使用している以外の名称や一般名
④化学式または構造式……無機化合物は化学式。有機化合物は構造式
⑤性状……常温(20℃)における色、形状、臭い、溶解性など
⑥用途……製品や使用分野など工業的・化学的な用途
⑦毒性……物質特有の毒作用
⑧解毒剤または解毒法……物質特有の解毒剤・解毒法

主な毒物

まずは主な毒物について、性状や用途、毒性などを覚えていこう

■黄リン

〈物質ごとの項目〉

①**物質名……黄リン**

②品目制限……一般

③別名……白リン

④化学式……P_4

⑤性状

・白色または淡黄色でロウ状の固体。

・空気に直接触れると発火、燃焼し、強い刺激臭のある煙霧を発生。

・暗所ではりん光を発光。

・エーテル、ベンゼン、二硫化炭素に溶けやすく、水にはほぼ不溶。

⑥用途……赤リン等のリン化合物、殺鼠剤の原料、酸素吸収剤など。

⑦毒性……燃焼によって発生する煙霧は有害で、激しく呼吸器を刺激。

⑧解毒剤または解毒法

◎物質に対する「色」の表現……主観に大きく左右されるため、他の資料などと必ずしも一致しない場合もある。「無色」の表記……「着色してはいないが、形状などによっては白色と認識される」という意味合いであり、白色に着色している状態とは区別している。

◎黄リン……空気に直接触れると発火、燃焼。

・0.1％過マンガン酸カリウム溶液による胃洗浄。
・硫酸銅が催吐剤として、また下剤には塩類下剤が用いられる。

■無機シアン化合物

〈物質群に共通した項目〉

①毒性……酸と反応すると有毒で引火性のシアン化水素（青酸ガス）を発生し、頭痛・めまい・意識不明・呼吸麻痺などの症状が現れるシアン中毒を引き起こす。

②解毒剤または解毒法
・過マンガン酸溶液の5,000倍希釈液による胃洗浄。
・チオ硫酸ナトリウムの静脈注射、デトキシンの筋肉注射、ブドウ糖注射など。

〈物質ごとの項目〉

①**物質名……シアン化カリウム**
②品目制限……一般、農業
③別名……青酸カリ、青化カリ
④化学式……KCN
⑤性状
・白色で等軸晶の粉末または塊片。
・メタノール、エタノールにわずかに溶解。水には易溶で水溶液は強アルカリ性を示す。
・乾燥状態では無臭。潮解（空気中の湿気を吸収すること）により空気中の二酸化炭素と反応すると青酸臭のあるシアン化水素を発生。
⑥用途……冶金、電気鍍金、金属の着色、写真、殺虫剤など。

①**物質名……シアン化ナトリウム**
②品目制限……一般、農業

③別名……青酸ソーダ、青化ソーダ
④化学式……NaCN
⑤性状
・白色で、粉末、粒状またはタブレット状の固体。
・水に溶けやすく、水溶液は強アルカリ性を示す。
・潮解（空気中の湿気を吸収すること）により空気中の二酸化炭素と反応すると青酸臭のあるシアン化水素を発生（酸と反応しても同様にシアン化水素を発生）。
⑥用途……冶金、電気鍍金、写真、殺虫剤など。

■水銀および水銀化合物
〈物質群に共通した項目〉
①毒性……摂取、吸引により水銀中毒（嘔吐、胃腸の激痛、下痢、心臓衰弱など）を引き起こす。通常、水や希塩酸に溶けやすいものほど高い毒性を持つ。
②解毒剤または解毒法
0.1％硫酸アトロピン注射、BALなどを使用。

〈物質ごとの項目〉
①**物質名……水銀**
②品目制限……一般
④化学式……Hg
⑤性状
・銀白色で液体の金属。

◎シアン化カリウム……白色の粉末、水溶液は強アルカリ、潮解性。

◎シアン化ナトリウム……白色粉末、潮解性。

◎水銀化合物としての毒性が類似していることから、劇物に該当する塩化第一水銀などの一部の水銀化合物もここで解説する。

◎水銀および水銀化合物……水銀中毒（嘔吐、胃腸の激痛、下痢、心臓衰弱など）、解毒剤は0.1％硫酸アトロピン注射、BALなど

■**水銀**……常温で唯一液体の金属、硝酸に可溶。

・水、塩酸には溶けない。硝酸に可溶。
・カリウム、ナトリウム、銀、金など多種類の金属とアマルガムを形成。
⑥用途……水銀ランプ、理化学機器、整流器、歯科用アマルガムなど。

①**物質名……塩化第二水銀**
②品目制限……一般
③別名……塩化水銀(Ⅱ)、昇こう
④化学式……$HgCl_2$
⑤性状
・白色の針状結晶。
・水、エーテル、アルコールに可溶で、水溶液は酸性。
⑥用途……染色剤、殺菌剤など。

①**物質名……硝酸第一水銀**
②品目制限……一般
③別名……硝酸水銀(Ⅰ)、硝酸亜酸化こう
④化学式……$HgNO_3$
⑤性状
・無色の結晶で**風解性**を持つ。
・多量の水と反応して黄色の塩基性塩を沈殿し、水溶液は酸性を示す。エーテルには不溶。
⑥用途……試薬（たんぱく質の検出）。

①**物質名……酸化第二水銀**
②品目制限……一般
③別名……酸化水銀(Ⅱ)、酸化こう（赤色酸化こう、黄色酸化こう）
④化学式……HgO

⑤性状

・黄色または赤色の粉末。色は製法により異なる。

・水に不溶で、酸に可溶。

⑥用途……試薬、塗料など。

※含有率5％以下の製剤は劇物に該当。

◎酸化第二水銀……5％以下を含有する製剤は劇物に該当。

◎硝酸第一水銀……風解性を有する。

①物質名……塩化第一水銀

(注：塩化第一水銀は劇物)

②品目制限……一般

③別名……塩化水銀(Ⅰ)、甘こう、カロメル

④化学式……Hg_2Cl_2

⑤性状

・白色の粉末。

・光で分解され塩化第二水銀と水銀になる。

・王水に可溶で、希硝酸にわずかに溶ける。

・水、エーテル、エタノールに不溶。

⑥用途……電極、試薬、医療分野など。

◎塩化第一水銀……劇物指定。光で分解。

塩化第一水銀と、これを含有する製剤は劇物に指定されているよ

■セレンおよびセレン化合物

〈物質群に共通した項目〉

①毒性

・急性中毒の場合……神経過敏症、胃腸障害、肺炎など。

・慢性中毒の場合……息のにんにく臭、毛髪・皮膚への着色、皮膚炎など。

〈物質ごとの項目〉

①物質名……セレン

②品目制限……一般

④化学式……Se

⑤性状

・灰色の金属光沢を持つペレットもしくは黒色の粉末。

・水に溶けず、硫酸、二硫化炭素に可溶。

⑥用途……コピー機、釉薬、整流器

①物質名……亜セレン酸ナトリウム

②品目制限……一般

④化学式……Na_2SeO_3・H_2O

⑤性状

・白色の結晶性粉末。

・水に溶けやすい。

・硫酸銅と反応して、酸に可溶な沈殿を生じる。

⑥用途……試薬。

※含有率0.00011％以下の製剤は普通物。

①物質名……セレン酸

②品目制限……一般

④化学式……H_2SeO_4

⑤性状

・無色の柱状結晶。

・水に極めて溶けやすい。

⑥用途……脱水剤、写真用など。

①物質名……二酸化セレン

②品目制限……一般

③別名……無水亜セレン酸

④化学式……SeO_2

⑤性状

・白色の粉末。

・吸湿性、昇華性を有する。

・水に極めて溶けやすく、硫酸、酢酸、エタノールにも溶ける。

⑥用途……試薬。

練習 9 難 中 **易**

空気に直接触れると発火、燃焼するものはどれか。

(1) 黄リン　(2) シアン化カリウム

(3) 二酸化セレン　(4) 塩化第二水銀

練習10 難 **中** 易

含有率0.00011％以下の製剤が普通物になるものはどれか。

(1) 二酸化セレン

(2) 亜セレン酸ナトリウム

(3) 硝酸第一水銀

(4) 塩化第二水銀

練習11 難 **中** 易

含有率５％以下の製剤が劇物に該当するものはどれか。

(1) シアン化ナトリウム

(2) シアン化カリウム

(3) 酸化第二水銀

(4) 二酸化セレン

◎セレンおよびセレン化合物……急性中毒で神経過敏症、慢性中毒でにんにく臭の息。

◎亜セレン酸ナトリウム……0.00011％以下を含有する製剤は普通物。

◎二酸化セレン……吸湿性、昇華性あり。

◎硫黄、カドミウムおよびセレンから成る焼結した物質ならびにこれを含有する製剤は普通物。

◎ゲルマニウム、セレンおよびヒ素から成るガラス状態の物質ならびにこれを含有する製剤は普通物。

解答 9 ▶(1)

解答10 ▶(2)

解答11 ▶(3)

■ヒ素およびヒ素化合物

〈物質群に共通した項目〉

①毒性

・急性中毒の場合……口渇、嘔吐、腹痛、呼吸器・心臓血管・運動などの中枢の急性麻痺、意識喪失、昏睡など。

・慢性中毒の場合……吐き気、頭痛、皮膚・粘膜の乾燥、脂肪変性、神経障害など。

②解毒剤または解毒法

水酸化マグネシウム、BAL（ジメルカプロール）、亜ヒ酸解毒剤（硫酸第二鉄溶液とマグネシアと水を20：３：100の割合で混合したもの）の投与。

〈物質ごとの項目〉

①**物質名……ヒ素**

②品目制限……一般、農業

④化学式……As

⑤性状

・金属光沢を持つ灰色の結晶、あるいは黄色（にんにく臭有り）、黒色、褐色の無定形固体。

・塩素酸カリウムとの混合物は衝撃によって爆発を起こす。

⑥用途……冶金、散弾（鉛との合金）、化学工業用など。

①**物質名……水素化ヒ素**

②品目制限……一般

③別名……ヒ化水素、アルシン

④化学式……AsH_3

⑤性状

・にんにく臭を有する無色の気体。

・水に溶ける。

・火をつけると無水亜ヒ酸（三酸化二ヒ素）の白色炎を放ちながら燃焼。

⑥用途……工業用、化学反応の試薬など。

①物質名……三酸化二ヒ素

②品目制限……一般

③別名……無水亜ヒ酸

④化学式……As_2O_3

⑤性状

・無色の結晶。

・昇華性を持つ。

・わずかに水に溶け、亜ヒ酸を生じる。

⑥用途……ヒ酸塩の原料、殺鼠剤、殺虫剤、除草剤。

■フッ化水素

〈物質群に共通した項目〉

①毒性……非常に強力な腐食性を持つ。吸入した場合、気管支や呼吸器系の粘膜が刺激され、呼吸困難、肺水腫などを起こす。

〈物質ごとの項目〉

①物質名……フッ化水素

②品目制限……一般

③別名……無水フッ化水素

④化学式……HF

⑤性状

・不燃性で無色の気体。

◎ヒ素およびヒ素化合物……急性中毒で中枢の急性麻痺（運動、呼吸器、循環器など）、主な解毒剤にBAL、水酸化マグネシウム、亜ヒ酸解毒剤。

◎三酸化二ヒ素……昇華性を有する。

◎ゲルマニウム、セレンおよびヒ素から成るガラス状態の物質ならびにこれを含有する製剤は普通物。

◎フッ化水素……空気中の水分と反応して白煙を生じる。強力な腐食性でガラスを腐食。

・空気中の水分と反応して白煙を生じる。
・非常に強力な腐食性を有する。
・水にきわめて溶けやすい。

①物質名……フッ化水素酸
②品目制限……一般
③別名……フッ酸
④化学式……HFaq
⑤性状
・フッ化水素の水溶液。
・無色もしくはわずかに着色した透明な液体。
・特有の刺激臭を有する。
・濃度が高いものは空気中で白煙を生じる。
⑥用途……フロンガスの原料、半導体のエッチング剤、ガラスのつや消し。

フッ化水素とその化合物のポイントは①強力な腐食性、②空気中で白煙を生じる、ですね

そのとおり。特に腐食性は、ガラスをはじめ、ほぼすべての無機酸化物を腐食するほどの強さだぞ

■有機リン製剤

※ここで提示するもの以外にも、TEPP、イソフェンホスなど多くの製剤が毒物劇物に指定されている。

◎有機リン製剤……神経伝達機能に関わる酵素の働きを阻害。主な解毒剤にPAMなど。

〈物質群に共通した項目〉

①毒性……神経の伝達機能に関わる酵素の機能を阻害する**神経毒性**を持つ。軽度であれば倦怠感、頭痛、嘔吐、めまい等の症状を起こし、重度の場合は全身けいれん、縮瞳、意識混濁などを引き起こす。

②解毒剤または解毒法

PAM（2－ピリジルアルドキシムメチオダイド）または硫酸アトロピン製剤を投与。

〈物質ごとの項目〉

①**物質名……EPN**

②品目制限……一般、農業

③別名……エチルパラニトロフェニルチオノベンゼンホスホネイト

④構造式……

H_5C_2—O—P(=S)(—C₆H₅)—O—C₆H₄—NO_2

⑤性状

・白色の結晶。

・有機溶媒に可溶で、水にはほぼ不溶。

・工業品は暗褐色の液体。

⑥用途……遅効性の殺虫剤。

※**含有率1.5%以下**の製剤は**劇物**。

◎EPN……白色の結晶、主な用途は殺虫剤。

①物質名……パラチオン　※特定毒物

②品目制限……一般

③別名……ジエチルパラニトロフェニルチオホスフェイト

④構造式……

$$(H_5C_2-O)_2P(=S)-O-C_6H_4-NO_2$$

⑤性状

・無色もしくは淡黄色～褐色の液体。

・エーテル、アルコールに溶け、水、石油エーテルにはほぼ不溶。

⑥用途……遅効性の殺虫剤（**使用者**に**法的**な**制限**あり）

①物質名……メチルパラチオン　※特定毒物

②品目制限……一般

③別名……ジメチルパラニトロフェニルチオホスフェイト

④構造式……

$$(H_3C-O)_2P(=S)-O-C_6H_4-NO_2$$

⑤性状……
⑥用途……
｝パラチオンと同じ。

非常に毒性の強いパラチオンは、
1971年以降、日本では農薬として
の使用が禁止されてるんだよ

主な劇物

ここからは主な劇物について、形状や用途、毒性などを覚えていこう。毒物よりも数が多いが、頑張ろう！

◎メチルパラチオン、パラチオン……特定毒物。使用者に法的な制限あり。

■無機亜鉛塩類

〈物質群に共通した項目〉

①毒性……嘔吐、腹痛、下痢、発熱、関節痛、けいれんなどの症状を起こす。

②解毒剤または解毒法

・多量のぬるま湯、食塩水での胃洗浄。

・鉄粉、硫黄華、マグネシア、卵白などを飲用。

〈物質ごとの項目〉

①**物質名……塩化亜鉛**

②品目制限……一般、農業

③別名……クロル亜鉛

④化学式……$ZnCl_2$

⑤性状

・白色の結晶。

・**潮解性**を有する。

・水やアルコールによく溶ける。

⑥用途……乾電池の材料、脱水剤、木材防腐剤、

脱臭剤など。

①物質名……硝酸亜鉛

②品目制限……一般、農業

④化学式……$Zn(NO_3)_2 \cdot 6H_2O$

⑤性状

・一般には六水和物が流通（無水物も存在）

・六水和物は白色の結晶。

・水にきわめてよく溶ける。

・**潮解性**を有する。

⑥用途……工業用捺染剤など。

①物質名……硫酸亜鉛

②品目制限……一般、農業

③別名……皓礬（こうばん）

④化学式……$ZnSO_4 \cdot 7H_2O$

⑤性状

・一般には七水和物が流通（無水物も存在）

・白色の結晶。

・水にきわめてよく溶ける。

⑥用途……農薬、木材防腐剤、塗料、試薬など。

無機亜鉛類に共通するポイントは
①白色の結晶、②水にきわめてよく溶ける、などだ

■アンチモン化合物

〈物質群に共通した項目〉

①毒性

・急性中毒の場合……吐き気、嘔吐、下痢、けいれん・運動麻痺など。

・慢性中毒の場合……皮膚のかゆみ、歯肉出血、化膿など。

②解毒剤または解毒法

・タンニン酸溶液や酒類等を飲用。

・中毒の治療にはBALを用いる。

〈物質ごとの項目〉

①**物質名……三酸化アンチモン**

②品目制限……一般

③別名……酸化アンチモン(Ⅲ)、アンチモン華、アンチモン白

④化学式……Sb_2O_3

⑤性状

・白色の結晶または粉末。

・水、希硫酸、希硝酸にはほぼ溶けず、塩酸、硝酸、濃硫酸には可溶。

⑥用途……顔料、試薬など。

※**三酸化アンチモンを含む製剤**の場合は**普通物**。

①**物質名……三塩化アンチモン**

②品目制限……一般

④化学式……$SbCl_3$

⑤性状

・無色の結晶。

◎硫酸亜鉛……六水和物は白色の結晶、水にきわめて可溶、潮解性。

◎アンチモン化合物……主な解毒剤はBAL。

三酸化アンチモンを含有する製剤は普通物なんだね

・強い**潮解性**を有する。

・多量の水で加水分解。

・濃塩酸に溶ける。

⑥用途……塗装剤、木綿用媒染剤など。

①**物質名……酒石酸アンチモニルカリウム**

②品目制限……一般

③別名……酒石酸カリウムアンチモン、吐酒石（としゅせき）

④化学式……$KSb(C_2H_4O_6)\cdot 1.5H_2O$

⑤性状

・無色または白色で結晶性の粉末。

・水に可溶で、アルコールに不溶。

⑥用途……媒染剤、試薬など。

■塩素酸塩類

〈物質群に共通した項目〉

①毒性……血液に作用して血液をどろどろにし、どす黒くさせる。腎臓がおかされ、重度の場合、けいれんを起こす。

②解毒剤または解毒法

・胃洗浄。

・吐剤、下剤の使用。

〈物質ごとの項目〉

①**物質名……塩素酸ナトリウム**

②品目制限……一般、農業

③別名……塩素酸ソーダ

④化学式……$NaClO_3$

⑤性状

・白色の正方単斜結晶。
・潮解性が強いので、通常は溶液として用いる。
・水に溶ける。

⑥用途……除草剤、抜染剤、酸化剤など。

◎塩素酸塩類……主な毒性は血液障害。

◎塩素酸ナトリウム……白色の結晶、強潮解性。主な用途は除草剤。

①物質名……塩素酸カリウム

②品目制限……一般、農業

③別名……塩素酸カリ、塩剝（えんぼう）

④化学式……$KClO_3$

⑤性状

・無色の単斜晶板状結晶。
・水に可溶で、アルコールに不溶。
・可燃性物質と混合した場合、衝撃による爆発の危険性大。

⑥用途……マッチ、煙火（打ち上げ花火）、爆発物の製造、酸化剤など。

強潮解性の塩素酸ナトリウムは毒劇法では劇物指定で、消防法でも危険物第1類に指定されているぞ

■過酸化水素水

〈物質ごとの項目〉

①物質名……過酸化水素水

②品目制限……一般、特定

③別名……過酸化水素液

④化学式……H_2O_2aq

⑤性状

・無色透明で濃厚な液体（一般に、市販品は30～40％に希釈した水溶液）。

・**還元性と酸化性の両方の性質**を持ち、わずかな不純物や金属粉とも激しく反応して分解される。

・**温度上昇**、加熱、あるいは激しく**動揺**させると**爆発**する。

・不安定な物質のため、**安定剤**として**塩酸など**の酸を**少量添加**して**貯蔵**。

・徐々に酸素と水に分解する（常温下）。

⑥用途……消毒剤、漂白剤、洗浄剤など。

⑦毒性……溶液、蒸気いずれも刺激性が非常に強い。蒸気では７ppm程度の吸入でもせき込む。35％以上の濃度の溶液が皮膚に接触した場合、水泡ができる。眼に入った場合、角膜が侵され、失明することも。

※**６％以下**を含有する製剤は**普通物**。

過酸化水素水の６％以下の
製剤は普通物だぞ

■カドミウム化合物

〈物質群に共通した項目〉

①毒性……胃腸粘膜への強い刺激や肝臓・腎臓の機能障害を引き起こすカドミウム中毒の特徴から、嘔吐、腹痛、下痢などの症状を起こす。

②解毒剤または解毒法

一般の金属化合物と同様に、胃洗浄などの処置を施す。

〈物質ごとの項目〉

①**物質名……硫化カドミウム**

②品目制限……一般

③別名……カドミウムイエロー

④化学式……CdS

⑤性状

・黄橙色の粉末。

・水に不溶で、熱濃硫酸、熱硝酸に可溶。

⑥用途……顔料、半導体素材など。

①**物質名……酸化カドミウム**

②品目制限……一般

④化学式……CdO

⑤性状

・赤褐色の粉末。

・水には不溶だが、酸やアンモニア水、アンモニア塩類水溶液には溶ける。

⑥用途……電気めっきなど。

◎過酸化水素水……温度上昇により爆発。塩酸等安定剤を添加して貯蔵。

◎硫黄、カドミウムおよびセレンから成る焼結した物質は普通物。

①**物質名……硝酸カドミウム**

②品目制限……一般

③別名……カドミウムイエロー

④化学式……$Cd(NO_3)_2 \cdot 4H_2O$

⑤性状

・一般に、無色の結晶である四水和物が流通。

・水にきわめてよく溶ける。

・**潮解性**を有する。

⑥用途……陶磁器やガラスの着色剤、写真撮影用の発光剤など。

■無機銀塩類

〈物質群に共通した項目〉

①毒性……接触した組織表面部（皮膚、粘膜等）への腐食作用を持つ。嘔吐、腹痛、下痢などの症状を起こし、慢性化した場合、その部位に銀が沈着する。

②解毒剤または解毒法

・薄い食塩水による洗浄（胃洗浄を含む）。

・牛乳、吐剤、下剤の飲用。

〈物質ごとの項目〉

①**物質名……硝酸銀**

②品目制限……一般

④化学式……$AgNO_3$

⑤性状

・無色の結晶。

・光によって分解し黒変。

・強力な**酸化剤（酸化性）**。

・水に極めて溶けやすく、アセトン、グリセリンに可溶。

⑥用途……銀塩原料、写真用感光剤、試薬など。

①**物質名……硫酸銀**

②品目制限……一般

④化学式……Ag_2SO_4

⑤性状

・無色の結晶または白色の粉末。

・光によって分解し黒変。

・水には溶けにくく、アンモニア水、硫酸、硝酸には溶ける。

⑥用途……一般分析用など。

■クロム酸塩類

〈物質群に共通した項目〉

①毒性……皮膚、粘膜の炎症や潰瘍。鼻粘膜では鼻中隔穿孔などの特異的な症状。経口摂取した場合は口腔内、食道が赤黄色に染色され、吐瀉物が緑色の嘔吐、腹痛、血便、血尿などの症状を引き起こす（クロム中毒）。

②解毒剤または解毒法

・次亜塩素酸ソーダ溶液による胃洗浄。

・マグネシア溶液、牛乳、石灰などの飲用。

①**物質名……クロム酸ナトリウム**

②品目制限……一般、特定

④化学式……$Na_2CrO_4 \cdot 10H_2O$

⑤性状

・一般に流通するのは十水和物。

◎硝酸カドミウム……潮解性。

◎無機銀塩類……光分解して黒変。

◎クロム酸塩類……物質の色が黄色～赤黄色。酸化性を持つ。70%以下の含有製剤は普通物。

◎クロム酸ナトリウム……潮解性。

潮解性はクロム酸ナトリウムの大きな特徴の１つか

・黄色の結晶。
・潮解性を有する。
・水に溶け、エタノールにはわずかに溶ける。
⑥用途……酸化剤、腐食防止剤、製革、試薬など。
※70%以下を含有する製剤は普通物。

①**物質名……クロム酸鉛**
②品目制限……一般、特定
③別名……クロム黄（クロムイエロー）
④化学式……$PbCrO_4$
⑤性状
・黄色もしくは赤黄色の粉末。色が淡黄色のものは一部硫酸鉛を含有。
・水にほとんど溶けず、酸、アルカリに可溶。
⑥用途……顔料。
※70%以下を含有する製剤は普通物。

クロム酸ナトリウム、クロム酸鉛ともに、70%以下の製剤は普通物となるぞ

■ケイフッ化水素酸およびその塩類

〈物質群に共通した項目〉

①毒性……中枢神経を興奮させ、嘔吐、悪心、虚脱、けいれんなどの症状を引き起こし、場合によっては呼吸困難を起こして死に至る。皮膚などへの腐食・刺激性による局所刺激作用も有する。

②解毒剤または解毒法

・胃洗浄。

・牛乳、吐剤、下剤の飲用。

〈物質ごとの項目〉

①**物質名……ケイフッ化水素酸**

②品目制限……一般

③別名……フッ化ケイ素酸、ヘキサフルオロケイ酸

④化学式……H_2SiF_6

⑤性状

・不燃性で特有の刺激臭を持つ無色透明の液体。空気中で白煙を生じる。

・市販品の溶液濃度は33%。

・水に溶けやすい。

⑥用途……セメントの硬化剤、電気精錬の電解液など。

ケイフッ化水素酸の市販品の溶液濃度は33%と覚えておこう

①**物質名……ケイフッ化カリウム**

②品目制限……一般

③別名……ヘキサフルオロケイ酸カリウム、ケイフッ化カリ

④化学式……K_2SiF_6

⑤性状

・無色の結晶性粉末。

・水に溶けにくく、塩酸に可溶、アルコールには不溶。

⑥用途……ガラス状エナメルフリット、陶磁器、殺虫剤など。

①**物質名……ケイフッ化ナトリウム**

②品目制限……一般、特定

③別名……ヘキサフルオロケイ酸ナトリウム、ケイフッ化ソーダ

④化学式……Na_2SiF_6

⑤性状

・白色の結晶。

・水に溶けにくく、アルコールには不溶。

⑥用途……釉薬、試薬など。

■重クロム酸塩類

〈物質群に共通した項目〉

①毒性……皮膚や粘膜への刺激性が強い。嘔吐、腹痛、血便、血尿などの症状を引き起こす（クロム中毒）。

②解毒剤または解毒法

・次亜塩素酸ソーダ溶液による胃洗浄。

・マグネシア溶液、牛乳、石灰などの飲用。

①**物質名……重クロム酸カリウム**

②品目制限……一般、特定

③別名……二クロム酸カリウム、重クロム酸カリ

④化学式……$K_2Cr_2O_7$

⑤性状

・橙赤色の結晶。
・水に溶けるが、アルコールには不溶。
・**強力な酸化性**を有する（**強酸化剤**）。

⑥用途……工業用酸化剤、染色用媒染剤、製革用薬品など。

◎重クロム酸塩類……物質は橙赤～橙色。強酸化性を持つ。

①**物質名……重クロム酸ナトリウム**
②品目制限……一般、特定
③別名……二クロム酸ナトリウム、重クロム酸ソーダ
④化学式……$Na_2Cr_2O_7$・$2H_2O$
⑤性状
・一般に流通するのは二水和物。
・**橙色**の結晶。
・**潮解性**を有する。
・水にきわめて溶けやすい。
⑥用途……試薬

◎重クロム酸ナトリウム……潮解性。

①**物質名……重クロム酸アンモニウム**
②品目制限……一般
③別名……二クロム酸アンモニウム、重クロム酸アンモン
④化学式……$(NH_4)_2Cr_2O_7$
⑤性状
・橙赤色の結晶。
・水に溶けやすい。
・**自己燃焼性**あり。
⑥用途……試薬など。

◎重クロム酸アンモニウム……自己燃焼性。

重クロム酸アンモニウムは自己燃焼性アリ、と。覚えとかなくちゃ

■シュウ酸およびシュウ酸塩類

〈物質群に共通した項目〉

①毒性……血液中のカルシウムイオンと強く結合して石灰分を奪い、神経系や腎臓をおかす。

②解毒剤または解毒法

・多量の石灰水の投与。

・胃洗浄。

・カルシウム剤の静注（静脈注射）。

〈物質ごとの項目〉

①**物質名……シュウ酸**

②品目制限……一般、特定

④化学式……$C_2H_2O_4 \cdot 2H_2O$

⑤性状

・一般に二水和物の無色の結晶。

・**風解性**を有する（乾燥空気中で**風化**）。

・徐々に加熱すると**昇華**し（昇華性有り）、急激な加熱では分解。

・水、アルコールに溶けるが、エーテルには溶けづらい。

・無水物は吸湿性を有する。

⑥用途……漂白剤、捺染剤、真鍮・銅の研磨剤など。

※**10％以下**を含有する**製剤**は**普通物**。

①**物質名……シュウ酸ナトリウム**

②品目制限……一般、特定

④化学式……$Na_2C_2O_4$

⑤性状

・白色の結晶性粉末。

・水に可溶。

⑥用途……繊維工業分野、分析試薬、写真用薬品など。

※10%以下を含有する製剤は普通物。

①**物質名……シュウ酸水素アンモニウム**
②品目制限……一般、特定
③別名……酸性シュウ酸アンモニウム
④化学式……$(NH_4)HC_2O_4 \cdot H_2O$
⑤性状
・無色の結晶。
・水、強酸に溶ける。
⑥用途……分析試薬など。
※10%以下を含有する製剤は普通物。

◎シュウ酸およびシュウ酸塩類……10%以下を含む製剤は普通物。

◎シュウ酸……風解性、昇華性。

シュウ酸およびシュウ酸塩類は、10%以下の製剤については普通物となるから注意すべし

練習12 難 中 易

10%以下を含有する製剤が普通物となるものはどれか。
(1) ケイフッ化水素酸
(2) 重クロム酸カリウム
(3) 重クロム酸アンモニウム
(4) シュウ酸水素アンモニウム

解答12 ▶(4)
解説　上記の側注どおり正解は(4)となります。

■無機銅塩類

〈物質群に共通した項目〉

①毒性……無機亜鉛塩類と同様な毒性があり、嘔吐、腹痛、下痢、発熱、関節痛、けいれんなどの症状を起こす。

②解毒剤または解毒法

・多量のぬるま湯、食塩水での胃洗浄。

・鉄粉、硫黄華、マグネシア、卵白などを飲用。

〈物質ごとの項目〉

①**物質名……硫酸第二銅**

②品目制限……一般、農業

③別名……胆礬（たんばん）、硫酸銅（Ⅱ）

④化学式……$CuSO_4$・5H_2O

⑤性状

・一般に流通しているのは五水和物。

・**藍色**の三斜晶系結晶。

・**風解性**を有する。

・水に溶けやすく、メタノールに可溶。

・水溶液は酸性を呈する（青リトマス試験紙を赤変）。

⑥用途……農薬（殺菌剤）、媒染剤、試薬など。

①**物質名……塩化第二銅**

②品目制限……一般、農業

③別名……塩化銅（Ⅱ）

④化学式……$CuCl_2$・2H_2O

⑤性状

・一般に流通しているのは二水和物。

・**緑色**の結晶。

・**潮解性**を有する。

・水に溶けやすく、アルコール、アセトンに可溶。

⑥用途……試薬。

①物質名……塩基性炭酸銅

②品目制限……一般、農業

③別名……マラカイト

④化学式……1−2$CuCO_3$・$Cu(OH)_2$

⑤性状

・暗緑色の結晶性粉末で、緑青(ろくしょう)の主成分。

・酸、アンモニア水には溶けるが、水、アルコールにはほとんど溶けない。

⑥用途……顔料、試薬。

■鉛化合物

〈物質群に共通した項目〉

①毒性……皮膚創傷（傷口）から、またガス体として吸入することで呼吸器に入り循環器系をおかす（鉛中毒）。

②解毒剤または解毒法

・硫酸マグネシウムまたはぼう硝水による胃洗浄。

・次亜硫酸ソーダ溶液、吐酒石(としゅせき)、牛乳などの飲用。

・カルシウム剤、アトロピンの注射。

◎硫酸第二銅……風解性あり。

◎塩化第二銅……潮解性あり。

〈物質ごとの項目〉

①**物質名……二酸化鉛**

②品目制限……一般、特定

③別名……過酸化鉛、酸化鉛(Ⅳ)

④化学式……PbO_2

⑤性状

・茶褐色の粉末。

・塩酸に可溶で、水、アルコールに不溶。

・日光、熱によって酸素と酸化鉛、四酸化三鉛に分解（光分解、熱分解）。

⑥用途……工業用酸化剤、電池・電極の原料、試薬など。

①**物質名……一酸化鉛**

②品目制限……一般、特定

③別名……密陀僧(みつだそう)、リサージ、酸化鉛(Ⅱ)

④化学式……PbO

⑤性状

・黄色ないし赤色の粉末。

・酸、アルカリに可溶で、水には不溶。

・光化学反応で四酸化三鉛が生成。

⑥用途……顔料、鉛丹、鉛ガラスの原料など。

①**物質名……酢酸鉛**

②品目制限……一般、特定

③別名……鉛糖(えんとう)、二酢酸鉛

④化学式……$Pb(CH_3COO)_2 \cdot 3H_2O$

⑤性状

・無色の結晶。

・水に溶けやすく、グリセリンには可溶。

・潮解性を有する。

⑥用途……染料や鉛塩の原料、乾燥剤など。

注意

◎一酸化鉛、二酸化鉛……光反応で四酸化三鉛を生成。

■バリウム化合物

〈物質群に共通した項目〉

①毒性……飲み込むことで、中枢神経系の障害によるけいれん、肝臓、腎臓などへの障害、心臓麻痺等を引き起こす。

②解毒剤または解毒法

・食塩水による胃洗浄。

・硫酸ソーダ溶液、硫酸マグネシア、硫酸カリなどの飲用。

〈物質ごとの項目〉

①**物質名……炭酸バリウム**

②品目制限……一般

③別名……炭酸重土

④化学式……$BaCO_3$

⑤性状

・白色の粉末。

・水に溶けにくく、アルコールに不溶で、酸には溶ける。

⑥用途……バリウム塩の工業原料、フェライト磁石製造、釉薬、顔料など。

①**物質名……塩化バリウム**

②品目制限……一般

④化学式……$BaCl_2 \cdot 2H_2O$

酢酸鉛には潮解性があるぞ

⑤性状

・一般に流通しているのは二水和物。

・無色の結晶。

・水に溶けやすい。

⑥用途……工業原料、試薬など。

■強アルカリ

〈物質群に共通した項目〉

①毒性……強アルカリ性を呈し**腐食性が強い**ため、たんぱく質を溶解し、細胞を破壊。眼に入った場合は**失明の可能性**が高い。

②解毒剤または解毒法

・食塩水による胃洗浄。

・硫酸ソーダ溶液、硫酸マグネシア、硫酸カリなどの飲用。

〈物質ごとの項目〉

①**物質名……水酸化カリウム**

②品目制限……一般、特定

③別名……苛性カリ

④化学式……KOH

⑤性状

・白色の固体。

・水、アルコールに発熱しながら溶解。アンモニア水には不溶。

・水溶液は**強アルカリ性**を呈する。

・**強力な潮解性**を有する。

⑥用途……家庭用洗浄剤、試薬など。

※**５％以下**を含有する**製剤**は**普通物**。

①**物質名……水酸化ナトリウム**
②品目制限……一般、特定
③別名……苛性ソーダ
④化学式……NaOH
⑤性状
・白色の結晶性固体。
・水、アルコールに発熱しながら溶解。
・強潮解性を有する。
・水溶液は強アルカリ性を呈する。
⑥用途……せっけん、洗剤の製造、パルプ工業、試薬、農薬など。
※5%以下を含有する製剤は普通物。

◎水酸化ナトリウム、水酸化カリウム……5%以下を含む製剤は普通物。

①**物質名……アンモニア水**
②品目制限……一般、農業、特定
④化学式……NH_3aq
⑤性状
・無色透明で刺激臭を有する液体。
・揮発性あり。
・アルカリ性を呈する。
⑥用途……工業分野、医薬分野、試薬など。
※10%以下を含有する製剤は普通物。

◎アンモニア水……10%以下を含む製剤は普通物。

■強酸

〈物質群に共通した項目〉

①毒性……**強酸性**を呈し**腐食性**が強く、細胞を破壊。皮膚や粘膜などに接触すると火傷（腐食性薬傷）を引き起こす。眼に入った場合、失明の可能性が高い。

②解毒剤または解毒法

・食塩水による胃洗浄。

・硫酸ソーダ溶液、硫酸マグネシア、硫酸カリなどの飲用。

〈物質ごとの項目〉

①**物質名……塩酸**

②品目制限……一般、特定

③別名……塩化水素酸

④化学式……HClaq

⑤性状

・不燃性で無色透明の液体。

・濃度25％以上のものは、**湿った空気中で発煙**し、**刺激臭**を発する（工業用は30～38％）。

・さまざまな金属を溶解して水素ガスを発生。

⑥用途……各種製品（医薬、農業、食品ほか多分野）の原料、塩化物、試薬など。

※**10％以下**を含有する**製剤**は**普通物**。

①**物質名……硝酸**

②品目制限……一般、特定

④化学式……HNO_3

⑤性状

・酸化性を持つ無色の液体。

・水分を含まない純粋なものは特異な刺激臭を持ち、**空気中で発煙**。

・激しい腐食性を有する。

⑥用途……工業用（濃度98％、62％、50％）、試薬（濃度65％）。

※10％以下を含有する製剤は普通物。

◎強酸……腐食性。

◎塩酸、硝酸、硫酸……10％以下を含む製剤は普通物。

①**物質名……硫酸**

②品目制限……一般、農業、特定

④化学式……H_2SO_4

⑤性状

・粘性を持つ、無色透明な液体（粗製品は微褐色を帯びる）。

・水に加えると激しく発熱する。

・濃硫酸（濃度90％以上）は強力な酸化性、脱水作用を有する。

⑥用途……各種肥料・繊維・薬品の原料、ガスの乾燥剤、試薬など。

※10％以下を含有する製剤は普通物。

◎硫酸……粘性の液体。水に加えると発熱。

強酸は、10％以下の製剤については、劇物ではなく普通物となるのだ

■有機リン製剤

※EPNやパラチオン等毒物指定の有機リン製剤と同様の毒性を示す。

〈物質群に共通した項目〉

①毒性……神経伝達機能に関わる酵素（アセチルコリンエステラーゼ）の機能を阻害する**神経毒性**を持つ。軽度であれば倦怠感、頭痛、嘔吐、めまい等の症状を起こし、重度の場合は全身けいれん、縮瞳、意識混濁などを引き起こす。

②解毒剤または解毒法

PAM（2−ピリジルアルドキシムメチオダイド）または硫酸アトロピン製剤を投与。

〈物質ごとの項目〉

①**物質名……ダイアジノン**

②品目制限……一般、農業

③別名……2−イソプロピル−4−メチルピリミジル−6−ジエチルチオホスフェイト

④構造式……

$$(H_3C)_2CH-C_4HN_2(CH_3)-O-P(=S)(OC_2H_5)_2$$

⑤性状

・純品は無色の液体。工業用品は純度90％以上で淡褐色を帯びた透明の、やや粘性がある液体。

・アルコールやベンゼンなどには可溶だが、水にはほぼ不溶。

⑥用途……接触性殺虫剤。

※**含有率５％以下の製剤は普通物**。

①**物質名……DDVP**

②品目制限……一般、農業

③別名……ジメチル–2,2–ジクロルビニルホスフェイト、ジクロルボス

④構造式……

$$\mathrm{Cl_2C{=}CH{-}O{-}P({=}O)(OC_2H_5)_2}$$

⑤性状

・刺激性のある無色の油状液体。

・水には不溶だが、多くの有機溶剤には可溶。

⑥用途……接触性殺虫剤。

※毒性として中枢神経刺激や副交感神経刺激などの刺激性を有する。

■芳香族化合物

〈物質ごとの項目〉

①物質名……トルエン

②品目制限……一般、特定

③別名……トリオール、メチルベンゼン、フェニルメタン

④構造式……

$$\mathrm{C_6H_5{-}CH_3}$$

⑤性状

・ベンゼン臭を持つ無色の液体。

・水には極めて溶けづらく、エタノール、エーテル、ベンゼンには可溶。

・強い可燃性を有する。

⑥用途……溶剤、香料ほか有機化合物の合成原料。

⑦毒性……**麻酔性**が強く、中枢神経への抑制作用

◎ダイアジノン……5%以下を含む製剤は普通物。

麻酔性の強さは、トルエンの毒性のポイントだっけ

を持ち、吸入した場合、深い麻酔状態に陥ることがある。長期の接触により皮膚からも体内に吸収され、吸入したときと同様の症状を呈する。

①**物質名……フェノール**
②品目制限……一般
③別名……カルボール、石炭酸、ヒドロキシベンゼン、フェニルアルコール
④構造式……

$$C_6H_5OH$$

⑤性状
・無色または白色の結晶性の塊。
・水にやや溶けやすく、エタノール、エーテル、クロロホルムなどには溶けやすい。
・空気中で容易に紅色に変化。
・固体は潮解性を有する。
⑥用途……プラスチック、医薬品、染料など各種化成品の原料。
⑦毒性……腐食性を有し、皮膚に触れた場合、やけど（薬傷）を生じさせる。中枢神経への抑制作用を持ち、体内に入ると、倦怠感、嘔吐などの症状を引き起こす。
⑧解毒剤または解毒法
・カルシウム剤、薬用炭の飲用。
・皮膚に付着した場合は酢、アルコールもしくは多量の水で洗浄。
※含有率５％以下の製剤は普通物。

①**物質名……ベタナフトール**
②品目制限……一般
③別名……２−ナフトール、β−ナフトール

④構造式……

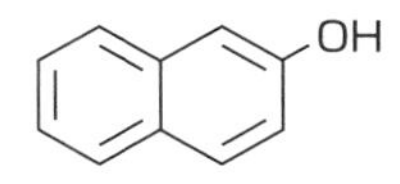

⑤性状

・無色で小葉状の結晶または白色で結晶性の粉末。

・水に溶けにくく、エーテル、エタノールには可溶。

・空気中で徐々に赤褐色に着色（赤変）。

⑥用途……染料の製造原料、防腐剤。

⑦毒性……腐食作用、中枢神経系の毒作用を持ち、腎臓、肝臓の機能障害から黄疸や溶血などの症状を引き起こす。

⑧解毒剤または解毒法

カルシウム剤、薬用炭の飲用。

※含有率１％以下の製剤は普通物。

◎フェノール……空気中で赤変、腐食性、５％以下を含有する製剤は普通物。

◎ベタナフトール……空気中で赤変、腐食性、１％以下を含む製剤は普通物。

■有機シアン化合物

〈物質ごとの項目〉

①**物質名……アセトニトリル**

②品目制限……一般

③別名……シアン化メチル、シアン化メタン

④構造式……

```
    H
    |
H — C — CN
    |
    H
```

⑤性状

・揮発性のある、エーテル様の臭気を持つ無色の液体。

・水やアルコールに溶ける。

・加水分解して酢酸とアンモニアを生成。

⑥用途……溶剤、化学合成原料など。

①**物質名……アクリルニトリル**
②品目制限……一般
③別名……アクリロニトリル、アクリル酸ニトリル、シアン化ビニル
④構造式……

$$H_2C=CH-C\equiv N$$

⑤性状
・弱い刺激臭がある無色透明の液体。
・揮発性があり極めて引火しやすい。
・0.0003％の割合で青酸を含む。
⑥用途……化学合成原料。
⑦毒性……吸収後体内で分解されて青酸を生じ、頭痛、衰弱感、腹痛などの症状を引き起こす。

①**物質名……ベンゾニトリル**
②品目制限……一般
③別名……シアン化フェニル、シアンベンゼン
④構造式……

$$C_6H_5-CN$$

⑤性状
・甘いアーモンド臭を持つ無色の液体。
・エーテル、アルコールと任意の割合で混合。
・水酸化アルカリ、熱無機酸によって加水分解され、安息香酸を生じる。
⑥用途……化学合成原料、プラスチック原料、溶剤など。
※含有率40％以下の製剤は普通物。

■有機塩素製剤

〈物質群に共通した項目〉

①毒性……**中枢神経刺激毒性**を持ち、消化器系や肝臓、腎臓などに機能障害を起こす。具体的な症状としては食欲不振、頭痛、嘔吐、けいれん、昏睡などで、また肝臓、腎臓の変性なども引き起こす。

②解毒剤または解毒法
バルビタール製剤の投与。

〈物質ごとの項目〉

①**物質名……リンデン**

②品目制限……一般

③別名……1,2,3,4,5,6－ヘキサクロロシクロヘキサン、BHC、六塩化ベンゼン

④構造式……

Cl
Cl　Cl
Cl　Cl
Cl

⑤性状

・純品は白色の結晶。不純物の混入によりわずかに黄色を帯びる。

・多少の**揮発性**を有し、特異な**刺激臭**がある。

・水には不溶で、各種有機溶媒には溶ける。

⑥用途……接触性殺虫剤（**農薬**としての**使用**は**全面的に禁止**）

⑦毒性……接触毒（経皮吸収により神経系を侵す）、呼吸毒。

※**含有率1.5％以下の製剤は普通物**。

◎アクリルニトリル……体内で分解され青酸を発生。

◎リンデン、アルドリン、ディルドリン……現在農薬として市販されていない。

現在、農薬としての有機塩素系製剤の製造・販売・使用は一切禁止されてるんだ

①**物質名……アルドリン**

②品目制限……一般

③別名……ヘキサクロルヘキサヒドロジメタノナフタリン

④構造式……

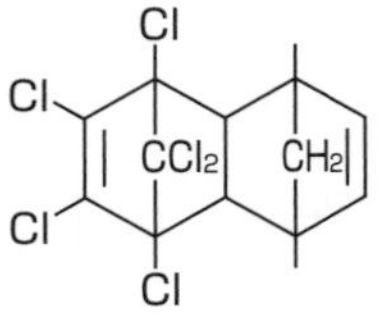

⑤性状

・刺激性で白色の結晶。

・水に不溶だが、多くの有機溶剤には可溶。

⑥用途……接触性殺虫剤（現在農薬としての市販品はない）

①**物質名……ディルドリン**

②品目制限……一般

③別名……ヘキサクロロエポキシオクタヒドロエンドエキソジメタノナフタリン

④構造式……

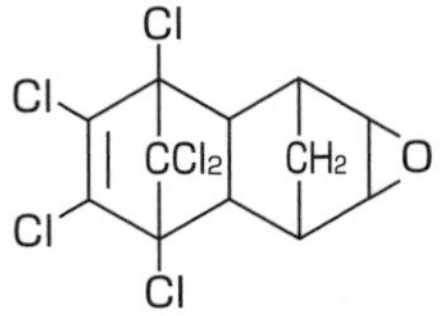

⑤性状

・白色の結晶。

・水に不溶で、キシレンに可溶。他の有機溶剤にはわずかに溶ける。

⑥用途……接触性殺虫剤（現在農薬としての市販品はない）。

⑦毒性……立体異性体のエンドリン（毒物）より、毒性は弱い。

■その他の農薬

〈物質ごとの項目〉

①**物質名……クロルピクリン**

②品目制限……一般、農業

③別名……クロロピクリン

④構造式……

$$Cl-\underset{Cl}{\overset{Cl}{\underset{|}{\overset{|}{C}}}}-NO_2$$

⑤性状

・無色の液体で容易に気化する（市販品は淡黄色の液体）。

・強い催涙性、粘膜刺激性を有する。

・アルコール、ベンゼン、二硫化炭素に溶けやすく、エーテルに可溶で、水にはほとんど溶けない。

⑥用途……土壌燻蒸剤

⑦毒性……眼に入った場合、眼痛、流涙、結膜充血などを引き起こし、視力障害を起こすことがある。

土壌燻蒸剤に用いられるクロルピクリンだが、用途を求める問題がよく出ているぞ

①**物質名……カルタップ**

②品目制限……一般

③別名……1,3－ジカルバモイルチオ－２－(N,N－ジメチルアミノ)－プロパン塩酸塩

④構造式……

$$\left[\begin{matrix}H_3C\\H_3C\end{matrix}\!>\!N-HC\!<\!\begin{matrix}CH_2SCONH_2\\CH_2SCONH_2\end{matrix}\right]HCl$$

⑤性状

・無色の結晶または白色の粉末。

・水に溶けやすく、メタノール、エタノールに

極めて溶けにくい。アセトン、エーテル、ベンゼンにほとんど溶けない。

⑥用途……害虫駆除剤

⑦毒性……嘔吐、呼吸困難、振せん（ふるえ）、全身けいれん等の症状を引き起こす。

※1,3−ジカルバモイルチオ−2−（N,N−ジメチルアミノ）−プロパンとして含有率２％以下の製剤は普通物。

①**物質名……トルイジン**

②品目制限……一般

③別名……なし

④構造式…… o-トルイジン m-トルイジン p-トルイジン

NH2 CH3 / NH2 CH3 / NH2 CH3

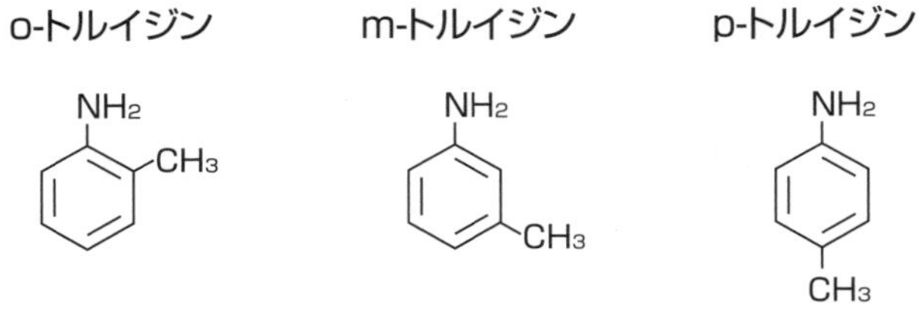

⑤性状

オルト（o）、メタ（m）、パラ（p）の３種の異性体がある。

・o−体……無色の液体。空気と光に反応して赤褐色に変化。

・m−体……無色の液体。

・p−体……白色の結晶。

いずれも溶解性は、アルコール、エーテルに溶け、水にはわずかに溶ける。

⑥用途……染料などの合成原料。

⑦毒性……頭痛、めまい、チアノーゼ、意識不明などの症状を引き起こす。

■その他の有機化合物

〈物質ごとの項目〉

①**物質名……メタノール**

②品目制限……一般、特定

③別名……木精、メチルアルコール

④構造式……

$$
\begin{array}{c}
\quad H \\
\quad | \\
H-C-O-H \\
\quad | \\
\quad H
\end{array}
$$

⑤性状

・揮発性のある無色の液体。

・任意の割合で水、エーテル、クロロホルムなどと混ざり合う。

⑥用途……溶剤、合成原料、試薬。

⑦毒性……代謝により、**神経細胞内で蟻（ギ）酸を生成**することで酸中毒を引き起こす。目のかすみ、酩酊、頭痛といった症状が現れ、昏睡状態にいたる。

⑧解毒剤または解毒法

アルカリ剤を用いた中和療法。

①**物質名……酢酸エチル**

②品目制限……一般、特定

③別名……なし

④構造式……

$$
H_3C-C(=O)-O-CH_2-CH_3
$$

⑤性状

・強い果実様の臭気を持つ、可燃性の無色の液体。

・水にやや溶けやすい。

◎トルイジン……空気と光で赤褐色に変化。

◎メタノール……細胞内でギ酸を生成し、酸中毒を引き起こす。

◎酢酸エチル……果実様臭気。

⑥用途……香料、各種合成原料、溶剤など。
⑦毒性……吸入後、短時間の興奮期を経て、麻酔状態に陥る。

①物質名……クロロホルム
②品目制限……一般、特定
③別名……トリクロロメタン
④構造式……

$$\begin{array}{c} Cl \\ | \\ H-C-Cl \\ | \\ Cl \end{array}$$

⑤性状
・揮発性で不燃性の、無色の液体。
・エーテル様の**特異臭**を持ち、強い**麻酔作用**を有する。
・水に溶けにくく、アルコール、エーテルに可溶。
・空気、光、湿気などで変質（徐々に分解）するため、市販品はアルコールを安定剤として添加する。
⑥用途……溶剤
⑦毒性……強力な麻酔作用で脳の筋細胞を麻痺させ、**赤血球**を**溶解**する（**原形質毒**)。めまい、頭痛、吐き気といった症状を起こし、過量の場合は嘔吐、意識不明などの症状を起こす。

①物質名……メチルエチルケトン
②品目制限……一般、特定
③別名……エチルメチルケトン、MEK、2−ブタノン、メチルアセトン
④構造式……

$$\begin{array}{ccccccccc} & & H & & O & & H & & H & & \\ & & | & & \| & & | & & | & & \\ H & - & C & - & C & - & C & - & C & - & H \\ & & | & & & & | & & | & & \\ & & H & & & & H & & H & & \end{array}$$

⑤性状
・特有な芳香を持つ無色の液体。

・強い引火性を有する。
・水に可溶。

⑥用途……合成原料、溶剤

⑦毒性……めまい、嘔吐、粘膜への刺激などの症状を起こし、過度の場合、昏睡、意識不明にいたる。

①**物質名……二硫化炭素**

②品目制限……一般

④構造式……　S=C=S

⑤性状

・高純度のものは麻酔性の芳香を持つ無色の液体（分解したものは黄色を呈し、悪臭を持つ）。
・揮発性、引火性が高い。
・水に溶けにくく、アルコール、エーテル、ベンゼンほか有機溶剤と任意の割合で混和する。
・硫黄、リンなどをよく溶解する。

⑥用途……溶剤、殺虫剤、防腐剤

⑦毒性……神経毒性を有し、神経細胞の脂肪変性、循環器系・消化器系に障害を引き起こす。重篤な場合、麻痺状態から意識混濁、呼吸麻痺にいたる。

①**物質名……ブロムメチル**

②品目制限……一般、農業

③別名……ブロムメタン、臭化メチル

④構造式……

```
      Br
      |
  H - C - H
      |
      H
```

◎クロロホルム……特異臭、麻酔作用、光により変質、アルコール添加により貯蔵。

◎二硫化炭素……麻酔性芳香あり。毒性は神経毒。

◎ブロムメチル……圧縮液化して貯蔵。

⑤性状

・無色の気体で空気より重い。

・わずかに甘いクロロホルム様の臭気を持つ。

・水にきわめて溶けにくい。

・**圧縮**または**冷却**すると無色または淡黄緑色の**液体**となる。

⑥用途……くんえん剤

⑦毒性……軽症であれば、悪心、嘔吐、めまい、頭痛などで、重症になると上気道の刺激、呼吸困難、四肢のけいれん・麻痺などが起こる。皮膚に触れた場合は水疱を生じることがある。

⑧解毒剤または解毒法

BAL、グルタチオンの投与など

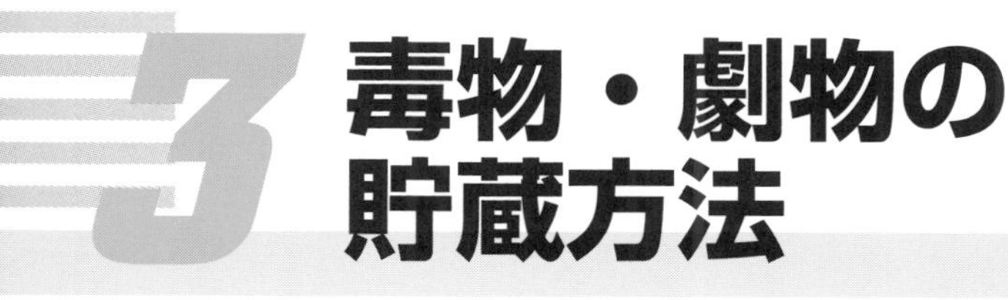

3 毒物・劇物の貯蔵方法

まとめ&丸暗記 ■この節の学習内容と総まとめ

□ おもな毒物・劇物の貯蔵の条件……密栓して冷暗所に貯蔵が基本だが、物質の化学的性状や危険性により異なる。
①密栓して貯蔵……昇華性、風解性、酸化などで変質
②乾燥した冷暗所に貯蔵……吸湿性、潮解性、引火性・可燃性など
③水中に貯蔵……空気に触れて発火など
④灯油中に貯蔵……水に触れて発火など
⑤可燃物や火気との接触を避けて貯蔵……酸化性、引火性
⑥光のあたらない暗所に貯蔵……光によって変質
⑦耐腐食性の容器に貯蔵……腐食性を有する

※複数の特徴を持つ毒物・劇物は、性質に合わせて貯蔵条件を組み合わせる。

性質に合わせて貯蔵条件を組み合わせる必要があることが多いぞ

主な毒物・劇物の貯蔵の条件

もっとも基本的な貯蔵方法は、通常、密栓して冷暗所に貯蔵する方法です。

しかし、毒物・劇物の化学的な性状や危険性は貯蔵条件と密接に関連していることから、それぞれの化学物質に最適な貯蔵条件は細分化されます。ちなみに毒物・劇物の毒性と貯蔵条件には、関連性はほぼないといえます。

ここでは、各毒物・劇物を貯蔵するのに適したおもな条件とあてはまる化学物質を紹介していきます。ただし、化学物質は一般に複数の特徴を有するため、貯蔵方法の決定には、その性質に合わせて貯蔵条件を組み合わせなければならない点に注意してください。

例１）

腐食性と潮解性をあわせ持つ物質の場合

→耐腐食容器に密閉し、乾燥した冷暗所に貯蔵。

例２）

潮解性があり、光によって変質する物質の場合

→日光のあたらない乾燥した冷暗所に貯蔵。

1 密栓して貯蔵

(1) 昇華性を有する物質

シュウ酸、ヒ素、三酸化ヒ素

(2) 風解性を有する物質

硫酸銅、硫酸亜鉛、シュウ酸

(3) 炭酸ガスで変質する物質

水酸化カリウム、水酸化ナトリウム、シアン化ナトリウム

(4) 酸素で酸化変質する物質

塩化第一スズ、フェノール、ベタナフトール

2 乾燥した冷暗所に貯蔵

(1) 吸湿性・潮解性を有する物質

水酸化カリウム、水酸化ナトリウム、シアン化ナトリウム、硝酸亜鉛、クロム酸ナトリウム

(2) 水または湿気によって分解する物質

カリウム、ナトリウム、リン化亜鉛

(3) 水溶時に発熱する物質

水酸化カリウム、水酸化ナトリウム、硫酸

3 水中に密栓して貯蔵

黄リン

4 石油中に密栓して貯蔵

カリウム、ナトリウム

5 可燃物(有機物)や火気との接触を避けて貯蔵

(1) 引火性・可燃性を有する物質

メタノール、アセトニトリル、トルエン、酢酸エチルなどの有機溶剤

(2) 酸化性を有する物質

クロム酸塩類、重クロム酸塩類、硝酸塩類、塩素酸塩類、過塩素酸塩類

6 光のあたらない暗所に貯蔵

無機銀塩類、塩化第一水銀

補足

■貯蔵方法と物質の特徴

①密栓……昇華性、風解性、炭酸ガス・酸素で変質。

②乾燥・冷暗所……潮解性、吸湿性、水で分解、水に溶けて発熱。

③水中で密栓……空気中で発火。

④石油中で密栓……水により発火。

⑤可燃物、火気を忌避……引火性、可燃性、酸化性。

⑥遮光……光で変性。

⑦耐腐食性容器使用……腐食性。

⑧安定剤添加。

黄リンは空気に触れると、カリウム、ナトリウムは水に触れると、それぞれ発火するから、この保存法なんだよね

7 耐腐食性の容器に貯蔵

塩酸、硝酸、硫酸、フッ化水素酸

8 少量の安定剤を添加して貯蔵

過酸化水素水、クロロホルム

物質の性質に合わせた保存方法でないと、変性や事故の原因になっちゃうよ

毒物・劇物の識別方法

まとめ＆丸暗記 ■ この節の学習内容と総まとめ

□　おもな毒物・劇物の識別方法……成分不明の薬剤中に含まれる物質を判定するためのもの。反応の分類や確認方法には以下のようなものがある。

①沈殿の生成……試薬溶液を加えることで沈殿を生じる反応（注：廃棄方法にも応用されている（199～202ページ参照））

②溶液の色の変化……試薬の溶液を加えることで、沈殿は生成しないけれど、溶液の色が変化する反応

③気体の発生……試薬を添加することで特徴的な色や臭気を持つ気体が発生する反応

④炎色反応……白金線またはニクロム線に試料を付着させ、溶融炎で燃焼させると炎の色が元素特有の色に着色する反応

⑤その他……昇華物が生成、元素単体の析出など

※上記の反応は複数の物質に共通のものもあるため、いくつかの確認反応を行って総合的に判断する。

「反応の分類」や「操作・試薬」が複数ある毒物・劇物もあるぞ

主な毒物・劇物の識別の方法

毒物劇物取扱責任者試験で出題される「毒物・劇物の識別方法」は、成分が不明な薬剤に含まれる毒物、劇物を判定するためのもので、識別方法についての反応の原理や操作上の注意事項などは出題されません。

また、各種の反応は複数の物質に共通するものもあることから、識別判定では複数の反応を行って確認し、物質の外観（形状、色など）や臭気の有無などと併せて総合的に判断します。

(1) 黄リン

反応の分類……その他

操作または試薬……酒石酸、または硫酸酸性下で水蒸気蒸留する。

確認方法……器具の内側で青白色のりん光を発光。

(2) 無機シアン化合物

反応の分類……色の変化

操作または試薬①……前処理した溶液に塩化第二鉄溶液を加える。

確認方法……赤色に呈色（ロダン鉄）。

操作または試薬②……前処理した溶液に硫酸第一鉄溶液、塩化第二鉄溶液を加えて塩酸で酸性にする。

確認方法……藍色に呈色（ベルリン青）。

(3) 塩化第二水銀

反応の分類……沈殿生成

操作または試薬①……石灰水と混合する。

確認方法……赤色沈殿（塩基性塩化第二水銀）を生成。

操作または試薬②……アンモニア水と混合する。
確認方法……白色沈殿（白降こう［アミノ塩化第二水銀］）を生成。

(4) 硝酸第一水銀

反応の分類……色の変化

操作または試薬……硝酸、たんぱく質と混合する。
確認方法……赤色に呈色。

(5) 塩化第一水銀

反応の分類……沈殿生成

操作または試薬……苛性ソーダと混合する。
確認方法……黒色沈殿（亜酸化水銀）を生成。

(6) セレンおよびセレン化合物

反応の分類……その他

操作または試薬……固体試料を炭上で炭酸ナトリウム(粉末)と共に加熱する。
確認方法……赤色塊の生成（濃硫酸に溶けて緑色に変色）。

(7) ヒ素およびヒ素化合物

反応の分類……その他

操作または試薬①……試料の濃塩酸酸性溶液に銅の小片をつけた後、水分を取り除き試験管内で穏やかに加熱する。

◎黄リン……酒石酸または硫酸酸性下で水蒸気蒸留→青白色りん光。

◎無機シアン化合物……塩化第二鉄→赤色、硫酸第一鉄と塩化第二鉄を塩酸酸性下→藍色。

◎塩化第二水銀……石灰水→赤色沈殿、アンモニア水→白色沈殿。

◎塩化第一水銀……水酸化ナトリウム→黒色沈殿。

◎セレンおよびセレン化合物……炭上で炭酸ナトリウムと加熱→赤色塊。

確認方法……白色の昇華物（三酸化二ヒ素）の生成。

操作または試薬②……無ヒ素の亜鉛を試料の酸性溶液に添加し、発生した気体ガスを熱したガラス管に導く。
確認方法……ヒ素の析出（ヒ素鏡）。

(8) フッ化水素

反応の分類……その他
操作または試薬……ガラス板に塗る。
確認方法……ガラスの腐食。

(9) 無機亜鉛塩類

反応の分類……沈殿生成
操作または試薬①……苛性ソーダ溶液、アンモニア水と混合する。
確認方法……白色沈殿（水酸化亜鉛）生成→溶解（亜鉛酸塩、アンミン錯塩）。

操作または試薬②……硫化水素、硫化ナトリウム、または硫化アンモニウムと混合する。
確認方法……白色沈殿（硫化亜鉛）生成。

(10) アンチモン化合物

反応の分類……沈殿生成
操作または試薬……硫化水素、硫化ナトリウム、または硫化アンモニウムと混合する。
確認方法……橙赤色沈殿（硫化アンチモン）生成。

反応の分類……炎色反応
操作または試薬……試料を白金線につけて溶融炎で熱し、希塩酸につけたのち、再度溶融炎で熱する。
確認方法……炎が淡青色に発色。

反応の分類……その他
操作または試薬①……固体試料を炭上で炭酸ナトリウム（粉末）と共に加熱。
確認方法……白色の粒状物。

操作または試薬②……試料の酸性溶液に亜鉛を添加し、発生した気体ガスを熱したガラス管に導く。
確認方法……アンチモンの析出（アンチモン鏡）。

◎無機亜鉛塩類……水酸化ナトリウム溶液、アンモニア水→白色沈殿から溶解。硫化水素、硫化ナトリウム、硫化アンモニウム→白色沈殿。

⑾　塩素酸塩類

反応の分類……気体の発生
操作または試薬……濃硫酸と混合する。
確認方法……緑黄色気体（二酸化塩素）の発生。

◎塩素酸塩類……濃硫酸→緑黄色気体。

⑿　過酸化水素水

反応の分類……色の変化
操作または試薬①……過マンガン酸カリウムと混合する。
確認方法……退色する。

操作または試薬②……クロム酸カリウムの硫酸酸性溶液と、これと同体積の酢酸エチルまたはエーテルを振り混ぜながら試料を滴下する。
確認方法……有機層：青色に呈色（過クロム酸の生成）。

◎過酸化水素水……ヨード亜鉛→褐色。

操作または試薬③……ヨード亜鉛と混合する。
確認方法……褐色に呈色（ヨウ素の遊離）。

⒀ カドミウム化合物

反応の分類……沈殿生成

操作または試薬①……苛性ソーダ溶液と混合する。
確認方法……白色沈殿（水酸化カドミウム）生成。

操作または試薬②……過剰のアンモニア水と混合する。
確認方法……白色沈殿(水酸化カドミウム)生成→溶解(アンミン錯塩)。

操作または試薬③……過剰のシアン化カリウム溶液と混合する。
確認方法……白色沈殿（シアン化カドミウム）→溶解（シアノ錯塩)。

操作または試薬④……フェロシアン化カリウムと混合する。
確認方法……白色沈殿（フェロシアン化カドミウム）生成。

操作または試薬⑤……硫化水素と混合する。
確認方法……黄色または橙色沈殿（硫化カドミウム）生成。

反応の分類……その他

操作または試薬……固体試料を炭上で炭酸ナトリウム(粉末)と共に加熱する。
確認方法……褐色の粒状物。

⒁ 無機銀塩類

反応の分類……沈殿生成

操作または試薬①……苛性ソーダ溶液と混合する。
確認方法……褐色沈殿（酸化銀）生成。

操作または試薬②……過剰のアンモニア水と混合する。
確認方法……褐色沈殿（酸化銀）生成→溶解（アンミン錯塩）。

操作または試薬③……塩酸と混合する。
確認方法……白色沈殿（塩化銀）生成。

操作または試薬④……クロム酸カリウム溶液と混合する。
確認方法……赤褐色沈殿（クロム酸銀）生成。

操作または試薬⑤……硫化水素、硫化アンモニウムまたは硫化ナトリウムと混合する。
確認方法……黒色沈殿（硫化銀）生成。

反応の分類……その他
操作または試薬……固体試料を炭上で炭酸ナトリウム（粉末）と共に加熱する。
確認方法……白色の粒状物（硝酸に可溶）。

⒂　クロム酸塩類

反応の分類……沈殿生成
操作または試薬①……硝酸バリウム溶液または塩化バリウム溶液と混合する。
確認方法……黄色沈殿（クロム酸バリウム）生成。

操作または試薬②……酢酸鉛溶液と混合する。

◎カドミウム化合物……過剰のアンモニア水→白色沈殿から溶解。炭上で炭酸ナトリウムと加熱→褐色の粒状物。

◎無機銀塩類……過剰のアンモニア水→褐色沈殿から溶解。塩酸→白色沈殿。硫化水素、硫化アンモニウム、硫化ナトリウム→黒色沈殿。

◎クロム酸塩類……酢酸鉛溶液→黄色沈殿。

反応の分類で「その他」とは、「昇華物が生成」「元素単体の析出」などを指すぞ

確認方法……黄色沈殿（クロム酸鉛）生成。

操作または試薬③……硝酸銀溶液と混合する。
確認方法……赤褐色沈殿（クロム酸銀）生成。

⒃ ケイフッ化水素酸およびその塩類

反応の分類……気体の発生
操作または試薬……濃硫酸と混合する。
確認方法……腐食性ガス（フッ化水素）の発生。

反応の分類……沈殿生成
操作または試薬①……バリウム化合物溶液と混合する。
確認方法……白色沈殿（ケイフッ化バリウム）生成。

操作または試薬②……苛性アルカリ溶液、炭酸アルカリ溶液またはアンモニア水と混合する。
確認方法……白色沈殿（ケイ酸）生成。

⒄ シュウ酸およびシュウ酸塩類

反応の分類……沈殿生成
操作または試薬①……酢酸カルシウム溶液と混合する（酢酸酸性下）。
確認方法……白色結晶性沈殿（シュウ酸カルシウム）生成。

操作または試薬②……塩化カルシウム溶液と混合する（アンモニア塩基性下）。
確認方法……白色沈殿（シュウ酸カルシウム）生成。

反応の分類……色の変化
操作または試薬……過マンガン酸カルシウム溶液と混合する。

確認方法……退色する。

⒅　無機銅塩類

反応の分類……沈殿生成

操作または試薬①……苛性ソーダ溶液と混合する。

確認方法……青白色沈殿（水酸化銅）生成。

操作または試薬②……過剰のアンモニア水と混合する。

確認方法……青白色沈殿（水酸化銅）生成→溶解（アンミン錯塩）。

操作または試薬③……硫化水素、硫化ナトリウム溶液または硫化アンモニウム溶液と混合する。

確認方法……黒色沈殿（硫化銅）生成。

操作または試薬④……フェロシアン化カリの中性または酸性溶液と混合する。

確認方法……赤褐色沈殿（フェロシアン化第二銅）。

操作または試薬⑤……ロダンアンモニウム溶液と混合する。

確認方法……黒色沈殿（ロダン第二銅）生成→白変（ロダン第一銅）。

◎無機銅塩類……水酸化ナトリウム溶液→青白色沈殿。無機銅塩類……硫化水素、硫化アンモニウム、硫化ナトリウム→黒色沈殿。

⒆　鉛化合物

反応の分類……沈殿生成

操作または試薬①……過剰の苛性ソーダ溶液と混合する。
確認方法……白色沈殿（水酸化鉛）生成→溶解（鉛酸ソーダ）。

操作または試薬②……アンモニア水と混合する。
確認方法……白色沈殿（水酸化鉛）生成。

操作または試薬③……硫化水素と混合する。
確認方法……黒色沈殿（硫化鉛）生成→希塩酸に溶解。

操作または試薬④……塩酸と混合する。
確認方法……白色沈殿（塩化鉛）生成。

操作または試薬⑤……硫酸と混合する。
確認方法……白色沈殿（硫酸鉛）生成。

操作または試薬⑥……クロム酸カリウム溶液と混合する。
確認方法……黄色沈殿（クロム酸鉛）生成。

⒇　バリウム化合物

反応の分類……炎色反応

操作または試薬……試料を白金線につけて溶融炎で熱し、希塩酸につけたのち、再度溶融炎で熱する。
確認方法……炎が緑黄色に発色。

反応の分類……沈殿生成

操作または試薬①……濃苛性ソーダ溶液と混合する。
確認方法……白色沈殿（水酸化バリウム）生成。

操作または試薬②……アンモニア水および炭酸ガスと混合する。
確認方法……白色沈殿（炭酸バリウム）生成。

操作または試薬③……クロム酸カリウムと混合する（中性または酢酸酸性溶液下）。
確認方法……黄色沈殿（クロム酸バリウム）生成。

操作または試薬④……硫酸または硫酸カルシウム溶液と混合する。
確認方法……白色沈殿（硫酸バリウム）生成。

(21) 塩酸

反応の分類……沈殿生成
操作または試薬……硝酸銀溶液と混合する。
確認方法……白色沈殿（塩化銀）生成。

(22) 硝酸

反応の分類……気体の発生
操作または試薬……銅屑を加えて熱する。
確認方法……藍色を呈して溶解し、赤褐色の蒸気（亜硝酸）を発生。

(23) 硫酸

反応の分類……沈殿生成
操作または試薬……塩化バリウム溶液と混合する。
確認方法……白色沈殿（硫酸バリウム）生成。

◎鉛化合物……アンモニア水→白色沈殿。硫化水素→黒色沈殿。塩酸→白色沈殿。

◎バリウム化合物……炎色反応が緑黄色。濃水酸化ナトリウム溶液→白色沈殿。硫酸→白色沈殿。

◎塩酸……硝酸銀溶液→白色沈殿。

⑷ 水酸化ナトリウム

反応の分類……炎色反応

操作または試薬……試料を白金線につけて溶融炎で熱し、希塩酸につけたのち、再度溶融炎で熱する。

確認方法……炎が黄色に発色（長時間続く）。

⑸ 水酸化カリウム

反応の分類……沈殿生成

操作または試薬①……過剰の酒石酸溶液と混合する。

確認方法……白色結晶性沈殿（酒石酸水素カリウム）生成。

操作または試薬②……塩酸で中和したのち、塩化白金溶液を添加する。

確認方法……黄色結晶性沈殿（塩化白金カリウム）生成。

⒃ アンモニア水

反応の分類……気体の発生

操作または試薬……塩酸の蒸気を近づける。

確認方法……白煙（塩化アンモニウム）の発生。

⒄ フェノール

反応の分類……色の変化

操作または試薬……アンモニア水およびさらし粉溶液と混合する。

確認方法……藍色に呈色。

⒅ ベタナフトール

反応の分類……沈殿生成

操作または試薬……塩化第二鉄溶液と混合する。

確認方法……白色沈殿生成。

◎水酸化ナトリウム……炎色反応が黄色。

◎アンモニア水……塩酸の蒸気→白煙。

◎ベタナフトール……塩化第二鉄→白色沈殿。

練習13　難　中　易

シュウ酸塩類に酢酸カルシウム溶液を混合させたときに生じる沈殿として正しいものはどれか。

(1)　黄色沈殿
(2)　赤褐色沈殿
(3)　白色沈殿
(4)　白色結晶性沈殿

練習14

無機シアン化合物の識別方法として正しいものはどれか。

(1)　硝酸たんぱく質と混合する。
(2)　前処理した溶液に塩化第二鉄溶液を加える。
(3)　固体試料を炭上で炭酸ナトリウム（粉末）と共に加熱する。
(4)　苛性ソーダ溶液、アンモニア水と混合する。

練習15　難　中　易

バリウム化合物の識別方法として正しいものはどれか。

(1)　過マンガン酸カリウムと混合する。
(2)　固体試料を炭上で炭酸ナトリウム（粉末）と共に加熱する。
(3)　アンモニア水および炭酸ガスと混合する。
(4)　アンモニア水およびさらし粉溶液と混合する。

解答13 ▶(4)

解答14 ▶(2)

解答15 ▶(3)

解説　P192の⒄、P186の(2)、P194の⒇から、それぞれ(4)、(2)、(3)が正解となります。

㉙ クロロホルム

反応の分類……気体の発生

操作または試薬……試料をアルコールに溶かした溶液に、苛性カリ溶液と少量のアニリンを添加し、加熱する。

確認方法……刺激性臭気の発生。

反応の分類……色の変化

操作または試薬①……レゾルシンおよび苛性カリ溶液を加えて加熱する。

確認方法……黄赤色に呈色（緑色の蛍石彩）。

操作または試薬②……ベタナフトールおよび苛性カリ溶液を加えて加熱する。

確認方法……藍色に呈色→褐色（放置）、赤色沈殿生成（酸の添加）。

㉚ メタノール

反応の分類……気体の発生

操作または試薬①……試料の硫酸酸性溶液をサリチル酸と共に加熱する。

確認方法……芳香臭（サリチル酸メチル）の発生。

操作または試薬②……強熱した酸化銅を加える。

確認方法……刺激性臭気（ホルムアルデヒド）の発生、酸化銅の表面に金属銅が生成。

5 毒物・劇物の廃棄方法

まとめ＆丸暗記 ■この節の学習内容と総まとめ

□ おもな毒物・劇物の廃棄方法

①中和法……希酸や希アルカリなどの中和剤で中和する方法

②燃焼法……スクラバー、アフターバーナーを備えた焼却炉等で焼却する方法

・アフターバーナー：排ガスの中の有機物などを再燃焼させる装置

・スクラバー：水や他の液体を用いて排ガスの中の微粒子や有毒ガスを除去する集塵装置

③化学分解法……適切な酸、アルカリや酸化剤（酸化法）、還元剤（還元法）で分解、無毒化する方法

④沈殿法……沈殿剤を加えて沈殿させ、埋設処分する方法

⑤隔離法……そのまま、あるいは沈殿法で生成した固体（沈殿隔離法）をセメントで固化して埋設する方法

⑥活性汚泥法……排水の中の有機物を好気性微生物の作用で分解処理する方法

※貯蔵方法同様、実際の処理過程では毒物・劇物の性質を考慮したうえで、上記のような基本的方法を組み合わせた廃棄法が適用される。

主な毒物・劇物の廃棄の方法

ここでは重要暗記ポイントで記載したものを含む、試験に出やすい主要な毒物・劇物の廃棄方法を学びます。前節の識別方法にあった沈殿生成反応などと関連づけると覚えやすいでしょう。

(1) 中和法

アルカリ、酸による中和反応後に廃棄する方法です。

・適用するおもな物質名など……強酸、強アルカリ

(2) 酸化法

さらし粉などの酸化剤で酸化分解したのちに廃棄する方法です。

・適用するおもな物質名など……無機シアン化合物、二硫化炭素

(3) 還元法

希硫酸で酸性にした還元剤（チオ硫酸ナトリウムなど）に少量ずつ加えて処理し、多量の水で希釈して廃棄する方法です。

・適用するおもな物質名など……塩素酸塩類

(4) 希釈法

多量の水で希釈して廃棄する方法です。

・適用するおもな物質名など……過酸化水素水

(5) 燃焼法

焼却炉で燃焼して廃棄する方法です。

・適用するおもな物質名など……黄リン、シュウ酸およびシュウ酸塩類、有機リン製剤、その他の有機物

(6) 焙焼法

還元剤と一緒に加熱し、金属にまで還元して廃棄する方法です。

・適用するおもな物質名など……次の物質が多量の場合：無機亜鉛塩類、カドミウム化合物、無機銀塩類、無機銅塩類、鉛化合物

(7) 沈殿法

消石灰で中和し、生じた沈殿を回収して廃棄する方法です。

・適用するおもな物質名など……フッ化水素酸

(8) 分解沈殿法

消石灰などで処理したのち希硫酸を加えて中和し、沈殿ろ過して廃棄する方法です。

・適用するおもな物質名など……ケイフッ化水素酸およびその塩類

(9) 還元沈殿法

希硫酸で酸性にしたのち硫酸第一鉄で還元し、消石灰等で処理して沈殿ろ過させて廃棄する方法です。

・適用するおもな物質名など……クロム酸塩類、重クロム酸塩

(10) 沈殿隔離法

硫化物、水酸化物などの沈殿として回収後、セメントで固化隔離して廃棄する方法。

・適用するおもな物質名など……無機水銀化合

補足

■主な廃棄方法
・中和法
・酸化法
・還元法
・希釈法
・燃焼法
・焙焼法
・沈殿法
・分解沈殿法
・還元沈殿法
・沈殿隔離法
・固化隔離法
・活性汚泥法
・回収法
・分解法

廃棄の仕方は、P185〜198の識別方法にある沈殿生成反応と関連付けると覚えやすいぞ

物、次の物質で水溶性のもの：セレンおよびセレン化合物、ヒ素およびヒ素化合物、無機亜鉛塩類、アンチモン化合物、カドミウム化合物、無機銀塩類、無機銅塩類、鉛化合物、バリウム化合物

⑾ 固化隔離法

セメントで固化し、埋立て処分して廃棄する方法です。

・適用するおもな物質名など……次の物質で**不溶性のもの**：セレンおよびセレン化合物、ヒ素およびヒ素化合物、無機亜鉛塩類、アンチモン化合物、カドミウム化合物、無機銅塩類、鉛化合物、バリウム化合物

⑿ 活性汚泥法

活性汚泥で分解処理して廃棄する方法です。

・適用するおもな物質名など……次の物質で**水溶性のもの**：シュウ酸およびシュウ酸塩類

⒀ 回収法

そのまま蒸留して回収し廃棄する方法です。

・適用するおもな物質名など……水銀

⒁ 分解法

少量の界面活性剤を加えた亜硫酸ナトリウムと炭酸ナトリウムの混合溶液中で、撹拌し分解させた後、多量の水で希釈して処理する。

・適用するおもな物質名など……クロルピクリン（クロロピクリン）およびこれを含有する製剤

索　引

す

せ

そ

た

ち

て

〈執筆者紹介〉
阿佐ヶ谷制作所・毒物劇物研究会
医療・美容・健康・薬膳に特化した制作集団。
ドラッグストア勤務経験者で医薬品登録販売者、中医薬膳師の資格を持つ代表をはじめ、薬剤師などの資格を持つスタッフが在籍。また、医療・健康業界をはじめとした理科系の人脈も豊富。毒物劇物取扱者書籍の執筆も手がける。

本書の内容は、小社より2018年８月に刊行された
「毒物劇物取扱者　スピードテキスト　第２版」(ISBN：978-4-8132-7678-4)
と同一です。

毒物劇物取扱者（どくぶつげきぶつとりあつかいしゃ）　スピードテキスト〔第２版新装版〕

2010年10月１日　初　版　第１刷発行
2018年８月１日　第２版　第１刷発行
2024年４月１日　第２版新装版　第１刷発行

編著者　阿佐ヶ谷制作所
（毒物劇物研究会）
発行者　多田敏男
発行所　TAC株式会社　出版事業部
（TAC出版）
〒101-8383
東京都千代田区神田三崎町3-2-18
電話 03(5276)9492(営業)
FAX 03(5276)9674
https://shuppan.tac-school.co.jp
組　版　株式会社　グラフト
印　刷　株式会社　ワコー
製　本　株式会社　常川製本

ISBN 978-4-300-11170-3
N.D.C. 498

TAC出版 書籍のご案内

TAC出版では、資格の学校TAC各講座の定評ある執筆陣による資格試験の参考書をはじめ、資格取得者の開業法や仕事術、実務書、ビジネス書、一般書などを発行しています！

TAC出版の書籍

＊一部書籍は、早稲田経営出版のブランドにて刊行しております。

資格・検定試験の受験対策書籍

- 日商簿記検定
- 建設業経理士
- 全経簿記上級
- 税　理　士
- 公認会計士
- 社会保険労務士
- 中小企業診断士
- 証券アナリスト
- ファイナンシャルプランナー(FP)
- 証券外務員
- 貸金業務取扱主任者
- 不動産鑑定士
- 宅地建物取引士
- 賃貸不動産経営管理士
- マンション管理士
- 管理業務主任者
- 司法書士
- 行政書士
- 司法試験
- 弁理士
- 公務員試験(大卒程度・高卒者)
- 情報処理試験
- 介護福祉士
- ケアマネジャー
- 社会福祉士　ほか

実務書・ビジネス書

- 会計実務、税法、税務、経理
- 総務、労務、人事
- ビジネススキル、マナー、就職、自己啓発
- 資格取得者の開業法、仕事術、営業術
- 翻訳ビジネス書

一般書・エンタメ書

- ファッション
- エッセイ、レシピ
- スポーツ
- 旅行ガイド（おとな旅プレミアム/ハルカナ）
- 翻訳小説

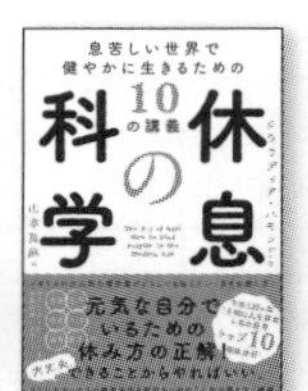

(2021年7月現在)

書籍のご購入は

1 全国の書店、大学生協、ネット書店で

2 TAC各校の書籍コーナーで

資格の学校TACの校舎は全国に展開!
校舎のご確認はホームページにて

資格の学校TAC ホームページ
https://www.tac-school.co.jp

3 TAC出版書籍販売サイトで

TAC 出版 で 検索

https://bookstore.tac-school.co.jp/

新刊情報を
いち早くチェック!

たっぷり読める
立ち読み機能

学習お役立ちの
特設ページも充実!

TAC出版書籍販売サイト「サイバーブックストア」では、TAC出版および早稲田経営出版から刊行されている、すべての最新書籍をお取り扱いしています。
また、無料の会員登録をしていただくことで、会員様限定キャンペーンのほか、送料無料サービス、メールマガジン配信サービス、マイページのご利用など、うれしい特典がたくさん受けられます。

サイバーブックストア会員は、特典がいっぱい! (一部抜粋)

通常、1万円(税込)未満のご注文につきましては、送料・手数料として500円(全国一律・税込)頂戴しておりますが、1冊から無料となります。

専用の「マイページ」は、「購入履歴・配送状況の確認」のほか、「ほしいものリスト」や「マイフォルダ」など、便利な機能が満載です。

メールマガジンでは、キャンペーンやおすすめ書籍、新刊情報のほか、「電子ブック版TACNEWS(ダイジェスト版)」をお届けします。

書籍の発売を、販売開始当日にメールにてお知らせします。これなら買い忘れの心配もありません。

書籍の正誤に関するご確認とお問合せについて

書籍の記載内容に誤りではないかと思われる箇所がございましたら、以下の手順にてご確認とお問合せをしてくださいますよう、お願い申し上げます。
なお、正誤のお問合せ以外の**書籍内容に関する解説および受験指導などは、一切行っておりません。**
そのようなお問合せにつきましては、お答えいたしかねますので、あらかじめご了承ください。

1 「Cyber Book Store」にて正誤表を確認する

TAC出版書籍販売サイト「Cyber Book Store」の
トップページ内「正誤表」コーナーにて、正誤表をご確認ください。

CYBER BOOK STORE TAC出版書籍販売サイト

URL:https://bookstore.tac-school.co.jp/

2 1の正誤表がない、あるいは正誤表に該当箇所の記載がない ⇒ 下記①、②のどちらかの方法で文書にて問合せをする

★ご注意ください★

お電話でのお問合せは、お受けいたしません。
①、②のどちらの方法でも、お問合せの際には、「お名前」とともに、
「対象の書籍名(○級・第○回対策も含む)およびその版数(第○版・○○年度版など)」
「お問合せ該当箇所の頁数と行数」
「誤りと思われる記載」
「正しいとお考えになる記載とその根拠」
を明記してください。
なお、回答までに1週間前後を要する場合もございます。あらかじめご了承ください。

① ウェブページ「Cyber Book Store」内の「お問合せフォーム」より問合せをする

【お問合せフォームアドレス】

https://bookstore.tac-school.co.jp/inquiry/

② メールにより問合せをする

【メール宛先 TAC出版】

syuppan-h@tac-school.co.jp

※土日祝日はお問合せ対応をおこなっておりません。
※正誤のお問合せ対応は、該当書籍の改訂版刊行月末日までといたします。

乱丁・落丁による交換は、該当書籍の改訂版刊行月末日までといたします。なお、書籍の在庫状況等により、お受けできない場合もございます。
また、各種本試験の実施の延期、中止を理由とした本書の返品はお受けいたしません。返金もいたしかねますので、あらかじめご了承くださいますようお願い申し上げます。

TACにおける個人情報の取り扱いについて
■お預かりした個人情報は、TAC(株)で管理させていただき、お問合せへの対応、当社の記録保管にのみ利用いたします。お客様の同意なしに業務委託先以外の第三者に開示、提供することはございません(法令等により開示を求められた場合を除く)。その他、個人情報保護管理者、お預かりした個人情報の開示等及びTAC(株)への個人情報の提供の任意性については、当社ホームページ(https://www.tac-school.co.jp)をご覧いただくか、個人情報に関するお問い合わせ窓口(E-mail:privacy@tac-school.co.jp)までお問合せください。

(2022年7月現在)